PIRKKO SAISIO

Das kleinste gemeinsame Vielfache

ROMAN

Aus dem Finnischen von Elina Kritzokat

KLETT-COTTA

Die Übersetzung und Veröffentlichung dieses Buches wurde gefördert vom Deutschen Übersetzerfonds, FILI – Finnish Literature Exchange.

Klett-Cotta
www.klett-cotta.de
Die Originalausgabe erschien unter dem Titel »Pienin yhteinen jaettava« im Verlag WSOY, Helsinki
© 1998 by Pirkko Saisio
Published by agreement with Helsinki Literary Agency
Für die deutsche Ausgabe
© 2024 by J. G. Cotta'sche Buchhandlung Nachfolger GmbH,
gegr. 1659, Stuttgart
Alle Rechte vorbehalten
Cover: Anzinger und Rasp Kommunikation GmbH, München
unter Verwendung einer Abbildung von © Melinda Cootsona
Stadtplan Helsinki: VH-7 Medienküche GmbH, Stuttgart
Gesetzt von C.H.Beck.Media.Solutions, Nördlingen
Gedruckt und gebunden von GGP Media GmbH, Pößneck
ISBN 978-3-608-98726-3
E-Book ISBN 978-3-608-12375-3

Sie

Ich war acht, als es zum ersten Mal passierte.

Es war ein Morgen im November.
Die Straße glänzte schwarz und wölbte sich vor den schneeregennassen Fenstern.
Ich sah mich in der Scheibe, ich war rundlich und schlecht gelaunt.
Ich zerrte mir die engen Wollstrümpfe über die Beine.
An den Miederschnüren fehlte unten ein Knopf.
Mutter holte ein Fünfmarkstück aus ihrer Handtasche, und ich drückte es als Ersatzknopf von innen in die Strumpfwolle.

Da passierte es zum ersten Mal.

In meiner Vorstellung schrieb ich einen Satz: Sie wollte nicht aufstehen.
Ich korrigierte den Satz: Sie wollte noch nicht aufstehen.
Ich fügte einen zweiten hinzu: Sie war zu müde, um in die Schule zu gehen.
Ich verbesserte den zweiten Satz: Sie war viel, viel zu müde, um in die Schule zu gehen.

Triumphierend sah ich zu meinem Vater, der im bloßen Hemd die *Arbeiterzeitung* las und schwarzen Kaffee trank.

Mutter stand vor dem Flurspiegel, tupfte sich Lippenstift vom Mund auf die Wangen und summte das Lied *Ahoi Mannschaft*.

Keiner hatte bemerkt, dass aus meinem Ich ein Sie geworden war, das ich einer ständigen Beobachtung unterwarf.

Die Hitze hatte noch immer nicht nachgelassen, dabei war schon September: Zwei Wochen war ich weg gewesen.

Die Linden am Nordufer ließen müde und niedergeschlagen ihre staubigen Blätter hängen, und auf meinen funkelnagelneuen Fenstern klebte bereits eine zähe Schmutzschicht. Steife Plastikplanen verhüllten die Wohnzimmereinrichtung. Stühle, Bücher, das tibetische Thangka und die schwarzen Musiker des Puppenorchesters aus Stockholm schimmerten durch dieses Plastikeis wie Treibgut von der *Titanic*.

Während meines Aufenthalts in Südkorea hatten sie wie vereinbart die Fenster ausgetauscht.

Ich holte meine Mitbringsel aus dem Koffer. Umgeben von dem Meer aus Plastik, wirkten die kleinen koreanischen Gegenstände verloren und absurd, als hätten auch sie Schiffbruch erlitten.

Mein Fieber stieg; seit über einer Woche hatte ich erhöhte Temperatur.

Ich lächelte und sagte etwas, vom Fieber aber schwieg ich.

Ab jetzt hatte ich wieder Mutter zu sein, und Lebensgefährtin.

Und Tochter.

In Korea wohnte ich im Zentrum des alten Seouls, in einer wachsenden Enge aus Schaufelbaggern, Parkhäusern, McDonald's-Filialen und Bürogebäuden aus Beton.

Aus der aufgerissenen Straße vor dem Hotel ragten Kabel; zum Eingang gelangte man nur über ein paar lose hingeworfene Planken, die über die in der Erde klaffende Wunde führten.

Doch hinter der schwarzlackierten Tür öffnete sich eine hübsche koreanische Ansicht.

In der Mitte des Innenhofs stand ein Baum. Seinem krummen Wuchs zum Trotz schob er die Zweige unermüdlich in die Sonne.

Neben dem Stamm ruhte ein aus Ton gemauerter Ofen, leere Coca-Cola-Kästen stapelten sich vor der Brennkammer, die unbenutzt blieb, das Hotel hatte einen Abrissbescheid erhalten.

Papierne Schiebetüren umrahmten den Innenhof. Hinter ihnen lagen zwei Quadratmeter große Zimmerchen, auf deren Boden man zum Schlafen eine dünne Bastmatte ausrollte.

Bevor das Haus ein Hotel wurde, hatten in den Zimmern Söhne und Töchter, Schwiegersöhne und Schwiegertöchter gewohnt.

Zu der Zeit führten die Großeltern das Haus, und zu den Mahlzeiten aus Kimchi und Reis versammelten sich alle um den Ofen, durch dessen schmales Abzugsrohr der Rauch aus dem Hof in den Himmel stieg.

Jetzt zogen Staubwolken von der Baustelle über dem Haus entlang.

Die dauerlächelnden alten Hotelbesitzer taten, als sähen sie es nicht.

Und wir Hotelgäste, Jäger der Vergangenheit, husteten in unsere Taschentücher.

Der Plankenweg, der zum Hoteleingang führte, wurde mit jedem Tag länger.
Hinaus gelangte man nur noch durch die Hintertür.
Sie ging auf eine Gasse, in der es nach Urin und Fischabfällen stank.

Als ich am Abreisetag meinen Koffer zum Taxi schleppte, das nicht bis zum Hotel hatte vorfahren wollen, sah ich, wie ein deutscher Tourist in Wanderkleidung mit einem Schweizer Armeetaschenmesser eine gebrannte Keramikverzierung von der Regenrinne des Hotels löste.

Erst abends rief ich in der Hämeentie an, der Straße, in der ich lange gewohnt hatte.
Ich musste warten, bis abgehoben wurde.
Vaters Stimme klang müde und depressiv, mal wieder.
»Ich bin's nur.«

Ihre Stimme klang weich, irgendwie süßlich.
Seit einiger Zeit redete sie mit ihrem Vater wie mit einem Kind.

»Ach so.«
Dann legte er den Telefonhörer auf den Tisch, es war deutlich zu hören.
Ich probierte den Calvados, den ich auf dem Rückweg über Paris gekauft hatte. Er war vierundzwanzig Jahre alt, besaß ein dezentes Raucharoma und eine noch dezentere Apfelnote, wie

es sich für guten Calvados gehörte. Trotzdem schmeckte er mir nicht, und das Fieber jagte mir unangenehme Schauer über Rücken und Beine.

Eine Minute verging, eine zweite.

Ich hörte ein Rauschen, das Poltern des Gehstocks, das vertraute Husten. Dann:

»So, ich habe mir einen Stuhl geholt. Du bist also wieder zurück.«

»Ja, seit einer Stunde.«

Warum log sie?

»Aha.«

»Ja.«

Ich nahm einen weiteren Schluck. Der Alkohol brannte in der Kehle und trieb mir Schweiß auf die Stirn, den das Fieber gleich trocknete.

»Schon wieder eine Reise. Dauernd unterwegs.«

»Es war wegen der Arbeit.«

Sie verteidigte sich.

Aus irgendeinem Grund hatte sie das Bedürfnis, sich zu verteidigen.

»Wie geht's denn so?«, fragte ich.

»Kann mich nicht beschweren.«

»Aha.«

»Rumsitzen. Wie's Leben halt ist.«

»So ist es. Oft jedenfalls.«

Wie eine Wasserpflanze im warmen Meeresstrom schaukelte sie in Vaters Sprachrhythmus.

»Ja, oft«, brummte er.
   »Tja.«
   »Das ganze Leben.«
   »Hmm.«
   »Ja.«
   »Und wie geht's Kerttu?«

Kerttu war sechsundachtzig Jahre alt, doch Vater bezeichnete sie als seine Freundin.

Als sie Kerttu vor zehn Jahren kennenlernte, saß diese in dem Sessel, in dem schon ihre Mutter gesessen hatte. Und aus dem Sessel waren seit dem Tod ihrer Mutter schon mindestens Aune, Lempi, die Wermut trank und ab acht Uhr morgens Patiencen legte, und Siviä geflohen, die sich auf eine Brieffreundschaftsannonce gemeldet hatte.

Kerttu war eine stilvoll gealterte Witwe, die adrett hüstelnd den Cognac trank, den Vater ihr zum Kaffee servierte. Im Laufe von zehn Jahren machte er sie auch mit Whisky, Koskenkorva, Smirnoff, süßen Beerenlikören, Bier und Longdrinks mit Gin vertraut.

»Sie holen sie jeden Abend ab und bringen sie irgendwohin.«
   »Kerttu?«
   »Ja.«
   »Wohin denn?«
   »Ich weiß nicht.«

Vaters Stimme klingt jetzt erregt.
Sie muss die fiebrigen Wogen verlassen.

»Aber wohin bringen sie sie denn?«
»Wo man alte Menschen eben hinbringt. Sie verraten es nicht.«
Ich zünde mir eine Zigarette an. Auch die schmeckt nach Fieber.
»Und wer holt sie ab?«
»Raimo, ihr Sohn. Jeden Abend, mit dem Auto. Jeden Abend.«
»Oh je.«
»Ja.«
Im Hörer rauscht es wieder.
Es klingt ungeduldig.
»Vielleicht rufst du da mal an«, tönte es ängstlich in mein Ohr.
»Wo denn?«
»Da, wo man sie hinbringt.«

Die Pause wird unangenehm lang.
Ich müsste Fieber messen, denkt sie.

»Gut, ich rufe da an«, lüge ich.
»Ja, mach das.«
»Klar.«
»Die werden dir schon was sagen.«

Ich schaffe das nicht, denkt sie.
Tochter sein. Heute, mit diesem Fieber.
Wieso denke ich mich als sie, denkt sie.

»Ich komme morgen bei dir vorbei«, sage ich und spreche noch tiefer und sanfter.

»Mach das.«

»Ich würde schon heute kommen, aber ich habe wohl etwas Temperatur.«

»Aha.«

»Na dann, halte durch.«

»Muss ich ja.«

»Bis morgen.«

Sie legt auf und schaut durchs Küchenfenster in den Innenhof.

Der Hausmeister fegt den Asphalt und wischt sich den Schweiß von der Stirn.

Die im Frühling gepflanzten Blumen ragen aus ihren Pressspankästen vertrocknet in die Abendsonne.

Dieser Sommer endet nie, denkt sie.

Nachts im Traum war ich wieder einmal in der Fleminginkatu, auch dort habe ich als Kind gewohnt.

Mutter war von einer langen Reise zurück, aber einen Koffer hatte sie nicht dabei.

Heiter und abwesend saß sie im Sessel und trug den Rock aus Bukarest mit den tanzenden Nationen unten am Saum.

Ich stand an der Flurtür und suchte nach einem Wort, einem Satz oder einem Lied, mit dem ich Mutter davon abhalten konnte, erneut fortzugehen.

Die Sonne stach durch den Spalt zwischen den Vorhängen

und malte ihr strenge Schatten unter die Augen und die markanten Nasenlöcher.

Sie lächelte zufrieden in sich hinein und sah mich nicht an.

An dieser Stelle wachte ich auf. Das Fieber war ein wenig gesunken.

Schon um neun rief ich Vater an.

Er ging nicht ans Telefon.

Um zehn rief ich Raimo an.

Der erzählte, dass Kerttu seit vorigem Dienstag in einem Heim für Demenzkranke wohne und seitdem garantiert nicht mehr in der Hämeentie gewesen sei.

Sofort machte ich mich dorthin auf.

Aber

bereits am Nordufer bleibt sie stehen, denn hinter den schlaffen Linden liegt das ölig-stille Meer, auf dem ein Schoner mit roten Segeln geruhsam dahingleitet.

Den Schoner prägt sie sich ein.

Sie braucht ihn und das Meer und diesen Moment dringend und betet, er möge nicht enden, damit sie nicht in die Hämeentie gehen, die Tür aufmachen und vorfinden muss, was sie schon vorzufinden weiß, auf der anderen Seite.

Letztes Jahr im Juni hat Vater das Sommerhaus verkauft.

Als ich meine Sachen abholte, schaute ich nicht mehr auf den See, aber ich wusste, dass er glitzerte und die Birken das saftige Grün des Frühsommers feierten, so, wie wir es seit achtundzwanzig Jahren bewundert hatten.

Im November musste Vater sich im Gesundheitszentrum einen Gehstock holen, und im Januar verkaufte er das Auto.

Als der Lada in die Päijänteentie einbog und verschwand, bemerkte Vater seinen Fehler, umklammerte meinen Arm und stützte sich mit der freien Hand an der Betonwand der Garage ab.

»Jetzt habe ich gar nichts mehr.«

Im März war die Beerdigung von Jopi, einem alten Verwandten.

Ich holte Vater ein Schinkenbrot und ein Stück Karamellkuchen vom Büfett im neuen Gemeindehaus, das irgendwann plötzlich neben dem Friedhof Malmi aufgetaucht war; das Speisenangebot für den Leichenschmaus hatte ich im Laufe der letzten Jahre gründlich kennengelernt.

»Nach und nach verschwinden alle«, klagte Vater,

und

wieder muss sie vor der abgenutzten Trostlosigkeit seiner Stimme fliehen, und so ist sie mitten im gleichmütigen Kerzenlicht und dem kühlen Klirren der Kaffeetassen weit, weit weg, auf einem glitzernden Meer ohne Ufer, in ihrem nach Benzin riechenden Boot, das in diesem kurzen Tagtraum eine stolze Barke ist, schwerfällig, aber nicht morsch und auf dem Weg fort, weit fort.

Im Juli wurde meine Patentante Sisko beerdigt.

Vater trug seinen weißen Trainingsanzug und fing mich vor der Kapelle ab. Aus seiner Jackentasche lugte eine Krawatte; das Knotenbinden beherrschte er nicht mehr, und auch Kerttu hatte sich an das komplizierte Prozedere nicht erinnern können.

Die Schnürsenkel seiner Turnschuhe waren ebenfalls nicht zugebunden.

Ich bückte mich, machte zwei Schleifen und führte Vater in die Kapelle.

Vom Büfett im Gemeindehaus holte ich ihm ein Schinkenbrot und ein Stück Karamellkuchen. Das Brot schnitt ich in mundgerechte Happen, den Kuchen schob ich essbereit auf den Löffel, damit möglichst wenig danebenging.

Und

angesichts der mitfühlenden und wohlwollenden Blicke, in deren Feuer sie für einen Moment stand, fühlte sie sich verlegen und verlogen: die gute Tochter.

Ich drückte auf Vaters Klingel. (Vor neunundzwanzig Jahren war das auch noch meine Klingel gewesen.)

Hinter der Tür herrschte Stille.

Ich klingelte noch einmal.

Ich spähte durch den Briefschlitz, doch die Zwischentür war zu.

Ich zündete ein Streichholz an und hielt es an den Spalt über der Schwelle. Zwischen der Wohnungstür und der Zwischentür lagen unberührt die *Helsingin Sanomat* und die Sonntagsausgabe der *Volksnachrichten*.

Im Treppenhaus ging das Licht aus.

Und

sie steht im Dunkeln und möchte am liebsten in einer schalltoten Ellipse der Zeit versinken, nicht mehr hier sein. Fort sein, weit fort von diesem dunklen Treppenhaus.

Aber

ich machte das Licht wieder an und versuchte, klar zu denken.

Jetzt ist Eile angesagt, versuchte ich zu denken.

Ich klingelte beim Nachbarn; das schaffte ich.

Doch er machte nicht auf.

Ich klingelte bei sämtlichen Nachbarn auf der Etage meines Vaters; ich schaffte auch das.

Doch niemand machte auf, und

dann ist sie im Fahrstuhl.

Und nach dem Fahrstuhl kommt die Haustür und dann der Asphalt im Innenhof.

Sie sieht sich die Hämeentie entlanglaufen, fiebrig und atemlos.

Sie sieht sich hoffen, ihr käme ein Polizeiauto entgegen, in dem ein Polizist mit einem Schlüssel und einer Antwort auf die Frage säße, was jetzt zu tun ist.

Sie will zur Polizei laufen, um eine Antwort, einen Schlüssel und die Erlaubnis zu erhalten, Vaters Zuhause zu betreten, ihr Zuhause.

Sie hat die Polizei und den Schlüssel und die Antwort schon fast erreicht, doch

da kamen mir zwei Betrunkene entgegen, in Umarmung aufeinander gestützt.

Einer von ihnen war ein alter Kindheitsfreund, und während die Hämeentie ignorant toste, bekam ich Angst, der alte Freund könnte ausgerechnet jetzt nach meinem Vater fragen.

Und das war der Grund, weshalb ich durch eine offen stehende Tür in ein Chinarestaurant lief.

Ich taumelte gegen eine Sitzecke und wurde von einer Speisekarte gestoppt, die mir der Kellner vors Gesicht hielt.

»Gutön Moogen!«

Und

schon sieht sie sich auf einer weichen Bank im Chinarestaurant sitzen und die Speisekarte studieren.

Jetzt bin ich lächerlich, denkt sie.

Jetzt muss was passieren, denkt sie.

Das ist ein Albtraum, denkt sie.

Das ist eine Szene von Woody Allen, denkt sie.

Jetzt muss ich klar denken, denkt sie,

und

nachdem ich mich bei dem irritierten Kellner entschuldigt und von der Bank geschlängelt habe und auf die Straße gerannt bin, halte ich erst wieder im Metrotunnel an. Ich kaufe eine Fahrkarte; wohin ich will, weiß ich nicht, ich weiß nur, dass ich Fieber habe, hohes Fieber.

Ich weiß, dass Vater hinter zwei Türen liegt und die *Arbeiterzeitung* und die *Helsingin Sanomat* nicht vom Boden aufheben kann,

und

trotzdem bleibt sie am Fahrkartenautomaten stehen und lässt sich von den Geräuschen im Tunnel forttragen aus Raum und Zeit, weit fort.

Und als der wallende Rock einer Roma-Frau in den Rolltreppenstufen hängen bleibt, lauscht sie friedlich-verträumt den hastigen Schritten des Wachpersonals und dem Quietschen der abrupt gestoppten Rolltreppe; sieht den unruhigen, nie abreißenden Strom der gehetzten Familien, japanischen Touristen, schlurfenden Säufer, weißbemützten Rentner, verschleierten Muslimminnen, Somali und Senegalesen und müden, vor Hitze rotgesichtigen finnischen Kinder.

Sie träumt sich zurück ins südkoreanische Nationalmuseum, wo hinter Glas eine große Puppe auf einem Pferd galoppierte, und erst jetzt wird ihr klar, dass die Zungen am goldenen Puppenhelm Flammen darstellen sollten, doch dann fällt ihr wieder ein, wo sie ist.

Ich muss klar denken, denkt sie und reißt sich aus ihrem Fiebertraum.

Jetzt nur noch der Weg vom Fahrkartenautomaten bis zum R-Kiosk weiter hinten im Tunnel.

Ich muss einen Stift kaufen, denkt sie und sagt diesen Gedanken laut zur Verkäuferin.

Die sieht sie erstaunt an.

Jetzt habe ich es falsch gesagt, denkt sie, doch die Verkäuferin lächelt bereits freundlich:

»Bleistift oder Kugelschreiber?«

Ich muss mich entscheiden, denkt sie gestresst.

»Vielleicht einen Bleistift«, sagt sie aufs Geratewohl.

»Haben wir leider nicht.«
Die Verkäuferin lächelt noch immer.
Sie ist eine junge Frau mit sanften Kurven und Einsprengseln eines langsam erlöschenden Savo-Dialekts.
Und

in diesem Moment würde ich gern hierbleiben, meinen Kopf ins Tal zwischen den zwei Hügeln der Verkäuferinnenbrüste drücken und über mein Schicksal klagen, weil es gerade sehr schwer ist, Mutter und Lebensgefährtin und Tochter zu sein.
Aber

noch gibt sie nicht auf, sie muss weiterkämpfen.
»Dann einen Kuli.«
»Kulis haben wir leider auch nicht.«
Sie sieht sich ratlos im Dämmerlicht der Brusthügel und des Savo-Lächelns stehen, lässt sich aber diesmal nicht aus dem Griff von Raum und Zeit fallen.
»Verdammt«, hört sie sich sagen, »es gibt doch in jedem Kiosk einen Stift!«
Und ihr Blick erhascht einen Kugelschreiber, der nichts Böses ahnend auf einem Block Karopapier schlummert.
»Da ist doch einer«, hört sie sich triumphieren.
»Der gehört aber dem Personal.«
In die einlullende Wärme der Savo-Stimme schleicht sich ein bedrohlich kühler Luftstrom.
»Egal, ich nehme ihn«, hört sie sich sagen,
und

dann muss ich die Hämeentie zurückrennen und dabei überlegen, warum der Stift eigentlich so wichtig ist.

An der Tür fällt es mir wieder ein: Ich muss den Hausmeister anrufen.

Ich muss ins Treppenhaus gehen, auf die Tafel schauen, die Nummer aufschreiben, zum Kiosktelefon laufen, den Hausmeister anrufen und ihn um einen Schlüssel für die Tür bitten, hinter der Vater liegt, lebendig oder tot.

Der Hausmeister schließt auf.
»Na dann«, sage ich.
Die Badezimmertür steht offen.
Vater liegt in Unterhose auf den Fliesen und klammert sich mit weißen Fingernägeln an den Schlauch der Waschmaschine.
Die eine Wange ist blau.
Der Hausmeister steht auf der Flurmatte.
Ich stehe schon an der Badezimmertür.
»Na dann«, sagt der Hausmeister, »ich werde hier wohl nicht mehr gebraucht.«
»Eher nicht«, sage ich, doch bevor ich zu Vater gehen darf, muss ich einen Hundertmarkschein und den Personal-Kuli vom Kiosk aus meiner Hosentasche kramen und das Aufschließen der Tür quittieren.

Der Hausmeister verschwindet. Die Wohnungstür fällt zu, und

dann will die Zeit einfach nicht mehr vergehen.
Sie steht auf der Flurmatte und weiß nicht, was zu tun ist.
Sie gähnt und denkt an das Fieber.
Sie streicht mit der Hand übers Telefon, und erst dann schafft sie den Schritt ins Badezimmer.
Vaters Augenlider bewegen sich.
»Hallo«, sagt sie und weiß nicht, was sie mit dem Kuli ma-

chen soll, der unmotiviert von einer Hand in die andere wandert.

Es ist jetzt ein schmutziger Kuli, ein von klebrig-kaltem Schweiß besudelter Gegenstand.

Vaters Lippen bewegen sich, und nach kurzem Zögern neigt sie ihr Ohr an den zahnlosen, blau angelaufenen Mund:

»Bist ja am Ende doch noch gekommen.«

Die grüne Schirmmütze;
das gelbe Flugzeug

Ich bin ein Einzelkind.

Es dauert lange, bis mir das auffällt, denn um mich herum gibt es viele Menschen.

Es gibt Mutter.

Mutter ist immer zu Hause, so lange, bis sie als Verkäuferin im Kolonialwarenladen von Irja Markkanen anfängt und ich in den Kindergarten muss.

Mutter trägt auch im Alltag eine weiße Spitzenbluse mit beigefarbenen Knöpfen.

Sie hört viel Radio und singt russische Kampflieder, denn als sie noch jung war, gehörte sie zur Band der Finnisch-Sowjetischen Gesellschaft.

Auch Sirpakka war in der Band, deshalb macht Mutter ihr weiterhin die Tür auf, dabei ist Sirpakka ständig betrunken, was sich für eine Frau nicht gehört.

Sie kommt aus Varkaus, wie Mutter, aber Sirpakka ist vor die Hunde gegangen und Mutter nicht.

Sirpakka schenkt Mutter in Papier eingewickelte Topfblumen,

aber wenn Mutter in die Küchenecke geht und sie auspackt, kommt eine Flasche Koskenkorva-Wodka zum Vorschein, die längst nicht mehr voll ist.

Sirpakka trinkt auch den Rest allein, während Mutter nervös auf dem Ausziehbett sitzt, zur Uhr blinzelt und hofft, dass Sirpakka weg ist, bevor Vater aus dem Büro kommt.

Vater nennt Sirpakka Saufstiefel.

Vater hat dichte Locken und eine Wolljacke, in die meine Großmutter Elche gestrickt hat.

Er arbeitet bei der Finnisch-Sowjetischen Gesellschaft.

An den Wochenenden fährt er durchs ganze Land und führt den Menschen russische Filme vor, damit sie korrekt über die Erfolge des Sozialismus und so weiter informiert werden.

Sehr oft zu Besuch kommt Tante Ulla.

Tante Ulla trägt einen tollen grünen Mantel aus weichem Kunstpelz, und auf ihrer schwarzen Samtmütze prangen goldene Sterne.

Sie kommt am liebsten, wenn Vater nicht zu Hause ist, denn seit sie bei der letzten Parlamentswahl einen Kandidaten der Sammlungspartei gewählt hat, wegen seiner schönen braunen Augen, verstehen die beiden sich nicht mehr.

Tante Ulla ist Mutters ältere Schwester.

Auch sonst haben wir viel Besuch, und den meisten Leuten scheint es recht zu sein, wenn Vater da ist.

Und besonders oft haben wir Versammlungen.

Versammlungen sind blöd, dann wird auf unserem einzigen Tisch Protokoll geschrieben, und ich muss still herumsitzen und alleine spielen.

Bei den Versammlungen bin ich immer das einzige Kind im Raum, was nicht schön ist, aber immerhin besser, als Einzelkind zu sein, denn das ist richtig ernst und kompliziert.

Doch ob nun Mutters alte Bandmitglieder mit ihren Familien zu Besuch sind oder der Frauen-Nähclub von Vaters Radsportgruppe Blitzbrüder oder Vaters Verwandte und all deren Kinder: Ich bin und bleibe das einzige Einzelkind.

Einzelkind zu sein heißt, dass die anderen Kinder im Hof angeblich immer fürchterlich neidisch sind auf meine Sonntagsausflüge und dass ich nicht um acht aufstehen und zum Kindergottesdienst muss, weil meine Eltern und ich an so was wie Kirche nicht glauben. Ich würde alles kriegen, was ich will, und müsste nie mit jemandem teilen, und deshalb wäre klar, dass ich später höchstwahrscheinlich egoistisch werden und nur auf meinen Vorteil bedacht sein würde.

Das ist ja im Grunde unausweichlich.

Über Mutter sagen die anderen Kinder, dass sie jung und schön ist, und in dem Punkt bin ich ganz ihrer Meinung.

Aber dann heißt es sofort, dass sie nur deshalb so jung und schön aussieht, weil sie keine Lust hat, mehr Kinder zu kriegen als nur eins.

Über Vater sagen sie, dass er gut aussieht und ein anständiger Familienvater ist, der sich nichts aus Schnaps macht.

Damit bin ich sehr einverstanden. Dann wiederum heißt es aber, er könne es nicht mit echten Männern aufnehmen, wenn's drauf ankommt, zum Beispiel bei Schlägereien mit den Vätern von der Schnapsfraktion, die nach der Samstagssauna Frau und Kinder verprügeln, weil sie im Krieg waren und Splitter im Kopf haben.

Ich frage zu Hause nach, was es mit der Kriegs- und Splittersache auf sich hat, gehe zurück auf den Hof und sage, dass Vater im Krieg in der Kanonenbrigade auf der Festungsinsel Suomenlinna gewesen und unverletzt geblieben ist, Stalin sei Dank, weil Russland lieber den Weltkrieg gewinnen wollte, als das unbedeutende Finnland zu besiegen.

Doch dann sagen sie: Entschuldige mal, Russland hat gegen Finnland nicht gewonnen, sondern verloren, und Kanonenbrigaden gibt es doch gar nicht.

Und wieder bin ich die Einzige, deren Vater nicht bei der Schlacht von Suomussalmi oder wenigstens bei der von Summa dabei war, wo die Finnen massenweise russische Gegner umgelegt haben.

Später erfährt sie, dass auch Vater Einzelkind ist.

Doch erst muss sie die schockierende Tatsache verdauen, dass Vater überhaupt mal ein Kind war.

Und noch viel unbegreiflicher ist die Tatsache, dass auch Großmutter nicht als Großmutter geboren wurde, sondern vorher eine Mutter war, die Mutter von Vater.

Und dass auch sie vor dem Großmutter- und Muttersein ein Kind war, die Tochter von jemandem.

Auf dem Klassenfoto der Volksschule im Arbeiterstadtteil Kallio sieht sie mit ihrer großen Nase und dem Spitzenkragen immerhin schon wie eine Großmutter aus, wenn auch wie eine junge und kleine.

Doch das dickliche Wesen mit den Stiefelchen, dem kahlen Kopf und dem trotzigen Gesichtsausdruck, das auf dem Sofa sitzt und vom weißen Rahmen eingefasst ist, kann unmöglich Vater sein, denn der ist schlank, tatkräftig und hat dichte Locken.

In Großmutters Fotoalbum klebt auch das Bild eines kleinen

Mädchens mit Schleife im Haar und luftigem Beinkleid, von dem man nicht sagen kann, ob es ein Rock oder eine Hose ist.

Und als Großmutter erklärt, auch dieses Bild zeige Vater und kein fremdes Mädchen, schnappt sie vor Verwirrung nach Luft,
denn

noch weiß ich nicht, dass meine Großeltern vor Vaters Geburt eine Tochter hatten, die im Alter von zwei Jahren gestorben ist und an deren Stelle mein Vater während der ersten Lebensjahre Schleifen, Röcke und Kleider tragen musste.

Und

erst viel, viel später wird sie wissen, dass ihre Eltern vor *ihrer* Geburt einen Sohn hatten, der mit vier Tagen starb.

Ich möchte ein Junge sein.

Und mehrere Jahre ist das kein Problem.

Solange niemand zusieht, kann ich im Stehen pinkeln, auch wenn das etwas umständlich ist und spritzt.

Meine Haare sind so dünn, dass sie sowieso meist kurz geschnitten werden, und als ich auch noch pfeifen, fluchen und spucken lerne, werde ich oft für einen Jungen gehalten, jedenfalls im Sommer, wenn ich kurze Hosen tragen darf.

Mädchen verabscheue ich, aber ich kenne auch kaum welche.

Meine besten Freunde Alf, Reiska und Risto übernehmen beim Spielen freiwillig die Rolle der Mutter.

Und ich bin der Vater. Morgens gehe ich zur Arbeit und führe sowjetische Filme vor, und wenn Reiska, Risto oder Alf das Essen fertig haben, komme ich zurück nach Hause.

Wenn ich groß bin, möchte ich Vater sein.

Tante Ulla verrät mir, dass auch sie als Kind ein Junge sein wollte.

Aber dann drehen Mutter und Großmutter mir die Haare auf Lockenwickler und stecken mich in rüschenbesetzte Blümchenkleider und gestärkte Schürzen.

Vater macht einen Fernkurs zum technischen Buchhalter und möchte, dass aus mir eine Frau wird, die es mit den Männern aufnimmt, eine Bergbauingenieurin, eine Doktorin der Wirtschaftswissenschaften oder eine kaltblütige Geschäftsfrau, wie die Forstbesitzerin Hella Wuolijoki. Die hat linke Ansichten und einen BMW, den auch Vater fahren darf, bis er ihn eines Tages kauft.

Großvater findet, man soll die Kinder machen lassen.
Wenn das Kind ein Junge sein will, dann ist das Kind eben ein Junge.

Großvater war es auch, der mir die grüne Schirmmütze gekauft hat, die mit dem gelben Plastikflugzeug vorne drauf. Da bin ich mir sicher.

Ansonsten mag ich neue Kleidungsstücke nicht.
Vor Bekleidungsgeschäften habe ich richtig Angst, denn wenn ich mich in eine neue Jacke oder Skihose reinquetschen muss, weine ich sofort los.
»Jesus«, sagt Vater dann, und Mutter:
»Nun lasst uns mal nicht nervös werden.«

Aber irgendwann hören die Einkaufstouren auf. Für lange Zeit muss ich nicht mehr in ein Bekleidungsgeschäft.
Nur ab und zu ins Schuhgeschäft, doch davor habe ich weni-

ger Angst als vor dem Bekleidungsgeschäft, dem Friseur oder dem Fotostudio. Oder vor dem Kindergarten.

Im Schuhgeschäft muss man den Fuß in ein Röntgengerät schieben, das messen kann, ob der neue Schuh auch wirklich richtig sitzt. Auf dem Röntgengerät kann ich jeden einzelnen Knochen sehen.

Neue Kleidungsstücke tauchen jetzt einfach bei uns auf.

Wenn die Pollaris zu Besuch gekommen sind, stehen nicht nur benutzte Kaffeetassen und Kuchenteller auf dem Tisch, sondern auch Blumen und ein Karton mit Strickjacken und Schürzen.

Ich weiß, dass die Schürzen und Jacken von meiner Schwippcousine Helena sind, der sie nicht mehr passen, und dass Helenas Mutter, Tante Kaarina, sie angeblich ganz aus Versehen bei uns gelassen hat.

Was außer mir niemand weiß: dass Helena der einzige Mensch auf der Welt ist, dessen Schürzen ich freiwillig anziehe.

Helenas Schürzen riechen nach Waschmittel und Bügeleisen, und erst recht niemand weiß, dass ich aus dem Bügelgeruch sogar noch etwas anderes herausschnuppern kann: Helenas Eigengeruch.

Helena ist der schönste und lockigste Mensch, den ich kenne. Und sie ist die Klügste von allen.

Sie kann zeichnen und hat Grübchen und ist witzig.

Großvater mochte Helena von allen Mädchen am liebsten, heißt es.

Bis ich geboren wurde.

Ich möchte gern Helena sein.

Doch daraus wird nichts, weil ich dunkle Haare und keine Grübchen habe.

Aber nicht einmal Helena besitzt eine grüne Schirmmütze.
So eine habe nur ich.
Eines Tages lag sie da, auf dem Esstisch zwischen dem Brotteller und der Pfanne mit der Lebersoße.
Vorn über dem Schirm prangt ein gelbes Flugzeug aus echtem Plastik.
Es ist eine Jungsmütze, eindeutig.
Und sie ist für mich, denn Vater ist sie zu klein, und Mutter würde nie im Leben eine Jungsmütze tragen.
Schon sehr lange habe ich mir eine Schirmmütze gewünscht, genauso lange wie eine Kniebundhose aus Leder, ein Tretauto, eine Papierkugelpistole, eine Pfeilpistole und eine Wasserpistole, was ich alles nicht bekommen werde.
Aber eine Schirmmütze bekomme ich.
Und die gehört nur mir.
Ich setze sie auf und mustere mich im Flurspiegel.

Das ist ein Fehler.

Denn jetzt geschieht etwas mit ihr.
Sie erkennt es daran, dass Mutter keinen Ton sagt, und auch Vater und Großmutter schweigen. Niemand sagt etwas, nicht einmal Tante Ulla.
Daraus schließt sie, dass ihre Mütze in Gefahr ist.
Und deshalb bewacht sie sie.
Gleich morgens setzt sie die Mütze auf.
Mit dem Flugzeug auf der Stirn sitzt sie in der Küchenecke auf der Arbeitsfläche und isst Brei.

Mit dem Flugzeug auf der Stirn sitzt sie in der Küchenecke auf der Fensterbank und lässt die Wurstpelle auf die Straße segeln. Bis Mutter sie zum Spielen in den Hof schickt.

Wenn sie ihren Mittagsschlaf machen muss, schläft die Mütze neben ihr auf dem Kopfkissen. Matt und zufrieden streichelt sie über den weichen grünen Stoff und die scharfkantigen Plastikflügel.

Und obwohl ich meine Mütze wirklich streng bewache, verschwindet sie.

Ich suche auf der Hutablage, unter dem Stahlrahmenbett und in den Küchenschränken, finde sie aber nicht.

Niemand hilft mir beim Suchen, und ich habe die böse Vorahnung, dass meine Mütze für immer verloren ist.

»Das war doch sowieso eine Jungsmütze«, versucht Mutter mich zu trösten.

»Auf dem Hof lachen sie über ein Mädchen mit so einer Mütze«, versucht Vater mich zu trösten.

»Die hat der Schnappi geholt, Suchen ist zwecklos.«

Das sagt Tante Ulla.

Diesen Schnappi kennt sie schon.

Der hat ihr auch den Schnuller weggenommen und ihr dafür die allererste Erinnerung ihres Lebens beschert.

Ich bin gerade zwei, doch das weiß ich selbst noch nicht.

Ich sitze im warmen Wasser der Emaillewanne.

Im alten Herd prasselt das Feuer, wir sind bei Großmutter.

Hosenbeine und Röcke gehen an mir vorbei, und auch das große Wesen mit dem weichen Fell, das sie mal Hund nennen und mal Tepsi.

Das Wesen leckt mich im Vorbeigehen ab, sein Atem riecht übel.

Sie kann das Wort Hund noch nicht kennen und weiß auch nicht, was Herd und Feuer sind. Aber sie spürt es.
Ihre Erinnerung kann nicht falsch sein.
Das warme Seifenwasser, das prasselnde Feuer, die Schritte und das Stimmengewirr verbinden sich zu einer kleinen Seligkeit.

Mein Mund ist gefüllt, ich schmecke altes Gummi, mein Schnuller ist abgekaut. Er ist knallrot, und von seinem Rand rinnt warme Spucke auf mein Kinn, weiter über meinen nackten Bauch bis hinunter ins warme Seifenwasser.
Da taucht plötzlich eine Hand auf, von oben, wie fast alles in meinem Leben noch von oben kommt.
Die Hand reißt mir den Schnuller aus dem Mund.
Die Röcke und Hosenbeine versammeln sich um mich und bilden eine Mauer, mein Schnuller wandert von einer Hand zur nächsten.
»Schnuller«, schreie ich und strecke die Arme aus, worauf ich einen anderen Schnuller kriege, hart und blau und fremd.
Die Tür des Küchenschranks geht auf, und ich sehe meinen alten Schnuller ins Dunkel fliegen.
Ich höre das Platschen im Abwassereimer.
Dann ist es still.
»Den hat der Schnappi geholt«, sagt Großmutter.

Der Schnappi ist gierig nach Dingen, die dem Menschen wichtig sind, so wichtig, dass er ohne sie nicht leben kann.

Der Schnappi hinterlässt eine unendliche Einöde aus Bedürfnissen und Ersatz.

Den harten blauen Schnuller habe ich nie angenommen; er wurde nicht richtig warm, und sein harter Rand drückte an der Nase.

Doch Vater und Mutter und Tante Ulla und Großvater und Großmutter waren zufrieden mit ihrem erzieherischen Streich:

»Auf einen Schlag vom Schnuller los.«

Und

vom Schnuller ist sie tatsächlich losgekommen, aber nicht von der Schirmmütze.

Doch selbst der entwendete Schnuller braucht ständig Ersatz: klebriges Karamell und zähes Kaugummi; lange, feuchte Küsse; Bier aus der Flasche; irgendwann dann auch Zigarren und Zigaretten, eine genussvolle und zugleich quälende Sucht.

Die Schirmmütze aber lässt sich durch nichts ersetzen.

Trotzdem fordert ihr Verlust jede Menge weitere Schirmmützen, und gleich von ihrem ersten selbst verdienten Geld kauft sie sich eine schwarz-blau gestreifte, die unbequem sitzt und an Eisenbahnermützen erinnert.

Zu der Zeit ist sie ein dicker, pickliger, gehemmter Teenager, und erst auf einem Foto erkennt sie, dass die neue Schirmmütze ihr nicht steht.

So folgen auf das unbequeme Ding zwei Stoffhüte von Marimekko (rosa mit grünen Streifen; hellblau mit dunkelblauen Streifen).

Und dann die großen Kangol-Schirmmützen der Studienzeit und später die Werbemützen mit Plastikschirm (Versicherung Volk, Karelien, Arbeitersportverband TUL).

Und noch später die griechischen Kapitänsmützen, von denen sich eine ganze Sammlung bei ihr anhäuft.

Und schließlich kommen die Baseballkappen (die knallgelbe von Radio Mafia, die dunkelrote vom Q-Theater).

Und neben diesen Kappen und Mützen gibt es noch jede Menge nichtssagende, längst vergessene Fehlkäufe, die sie dem UFF-Secondhandladen und der Heilsarmee vermacht.

Aber

wo ist die kleine, grüne Schirmmütze mit dem gelben Plastikflugzeug?

Und wo das eigensinnige kleine Mädchen, das sich mit der grünen Mütze auf dem Kopf die in der Messehalle gastierenden Bolschoi-Tänzerinnen angeschaut hat? Das auf die Bemerkung, kein einziges Kind würde während der Ballettvorstellung eine Mütze tragen, mit großer Ruhe erwiderte:

»Doch, eins.«

Schreiben im Traum

Ihr Buch würde niemals fertig werden.
Es sei denn, es gelänge ihr, das braungefrorene Basilikum zurückzuholen, das in Alekseis Magen lag.
Ihre Katze hatte es gefressen und lag nun schlafend zu ihren Füßen.
Sie holte eine Schere aus der Küche und schnitt Aleksei auf.
Das Basilikum gehörte wieder ihr.
Aleksei lag in zwei Hälften am Fußende des Bettes und lebte noch.
Bibbernd und schwitzend wachte sie auf.

Ihr Herz wummerte, auf ihrer Stirn stand kalter Schweiß.
Die Katze schlief seelenruhig zu ihren Füßen und kniff im Traum die Augen zusammen.
Erleichtert ließ sie den Kopf ins Kissen sinken und versuchte, erneut einzuschlafen.

Irgendwann spürte sie etwas Kaltes an ihrem Bein.
Sie machte die Augen auf und sah sofort das Basilikum und die Schere, beide von Eis überzogen.
Sie beugte sich über die Katze und streichelte sie.

Aleksei lag in zwei Hälften da, die Teile wimmerten vor Schmerz.

Wieder wachte sie auf.

Ihr Herz wummerte, auf ihrer Stirn stand kalter Schweiß.

Sie tastete nach der Katze. Doch die war fort und hatte sich in Sicherheit gebracht.

Über drei Wochen lang wagte sie nicht, an diesem Buch weiterzuschreiben.

Das gefrorene Basilikum quälte sie.

Der Preis des Schreibens quälte sie.

Mit einer Plastiktüte in der Hand stehe ich im Flur des Maria-Krankenhauses.

Im Flur ist es kälter als draußen, dort habe ich das Fieber weniger gespürt als hier in der eisigen Kälte.

Ich wünschte, jemand würde mich ansprechen.

Der Flur ist frisch gestrichen, die Beleuchtung aber ist matt und grünstichig, kein gutes Omen.

In der Plastiktüte liegen saubere Unterhosen für Vater, Pillendosen, Pantoffeln, der Ring, den er zum Abschluss seiner zweijährigen Kaufmannsausbildung bekam, und das Gebiss für den Unterkiefer. Neben mir liegt eine alte Frau in einem rollbaren Bett. Am Fußende schauen braune Schnürschuhe unter der Decke hervor. Eine junge Frau, eine Tochter wie ich, lehnt am Bett und hält die Hand der alten. Beide tupfen sich mit Papiertaschentüchern die Augen trocken.

Auch ich will zu meinem Vater und Händchen halten und mir die Augen trocken tupfen.

Die Tür geht auf.

Aus dem Zimmer dringt der Geruch von Brei, Urin und Blut.

Der überraschend scharfe Geruch beruhigt sie: Die ziellose und fiebrige Reise hat sie nach mehreren Stunden an einen Ort geführt, an dem es Messgeräte, Infusionen und das laute Klappern von Berkemann-Holzschuhen gibt, dazu sorgsam ausgefüllte Formulare und diesen Geruch, der ihr vermittelt, dass das Leben weitergeht.

Eine Krankenschwester kommt aus dem Zimmer.
Wie ich hat sie eine Plastiktüte dabei, aber ihre Tüte stinkt, Vaters Unterhose liegt darin.
»Was machen wir damit?«, fragt sie mich.
Die Frage fordert eine rasche Entscheidung und lässt mich aufschrecken; ich wünschte, die Krankenschwester wüsste, dass ich eine weite Reise hinter mir und hohes Fieber habe.
»Womit?«, hake ich nach, um Zeit zum Überlegen zu gewinnen.
»Sie sind doch die Begleitperson des älteren Mannes?«, fragt sie zurück.
»Doch, doch«, antworte ich mit Nachdruck und suche in ihrem Blick nach einem Anzeichen von Verständnis.
»Das ist seine Unterhose«, sagt sie und schwenkt die Tüte vor meiner Nase.
Ich male ein heftiges Wedeln in die Luft, und da blitzt es auf: das Lächeln der Schwester, erst auf den Wangen, dann in den Augen, zuletzt auf den Lippen.
Und

vereint lachen sie das Lachen starker Menschen in der Lebensmitte, über die stinkende Tüte und die Gebrechlichkeit, die sich noch von ihnen fernhält, deren Anschleichen sie allerdings schon ahnen.

»Worum ging's da eigentlich?«

Als Vater die Frage stellte, war er schon nicht mehr gut zu Fuß, es war, kurz bevor er den Gehstock bekam.

Wir standen in der Straßenbahn, die mein Vater die Elektrische nannte, und wollten zu Elsas Studentenkonzert in der Sibelius-Akademie.

Mutter hatte seinerzeit versprochen, Elsa zum fünften Geburtstag ein Klavier zu schenken. Auch ich hatte mir als Kind ein Klavier gewünscht, aber weil Vater von der Finnisch-Sowjetischen Gesellschaft kein Gehalt mehr bekam und Mutters vollständig für unsere Miete und das Essen draufging, gab Mutter mir als Ersatz für das Klavier Gesangsstunden.

Elsa war nicht einmal zwei, als Mutter starb und Vater neu heiratete und Mutters Versprechen vergaß.

Das Klavier zu Elsas fünftem Geburtstag kaufte ich schließlich selbst und sagte zu Vater, die Kinder von heute würden ja dauernd irgendwelche Geschenke verlangen.

»So ist es«, bestätigte er. »Ich habe früher überhaupt nichts gekriegt.«

Ich übrigens auch nicht, wollte ich erwidern, schliff meinen verletzenden Satz aber glatt:

»Auch in den Fünfzigern hat man Kinder noch nicht so verwöhnt.«

Vater nickte zustimmend, und für einen kurzen Moment streiften wir durchs tröstliche, fragile Niemandsland der Einigkeit.

Vater stützte sich mit seinem starken Arm an der Lehne ab und ließ sich auf den Straßenbahnsitz plumpsen.

»Was meinst du mit *worum ging's da eigentlich*?«, fragte ich.

»Na, wieso musste ich eigentlich diese Zeitungen austragen?« Davon redete Vater mit zunehmendem Alter immer öfter.

Als Kind wohnte er, elf Jahre alt, mit Großmutter und Großvater im Arbeiterstadtteil Kallio in der Torkkelinkuja Nummer zehn. Großmutter arbeitete in der Keramikfabrik Arabia, Großvater war Schweißer in einer kleinen Werkstatt.

Zu der Zeit hat Großvater getrunken, und fast jeden Abend waren Gäste zu Besuch, die lange blieben.

Vater ging auf das Gymnasium in Kallio, es war sein erstes und letztes Jahr dort, und jeden Morgen um vier, wenn die letzten Gäste in den Ecken eingedöst waren, weckte Großmutter ihn auf.

Denn Vater musste im Viertel Kamppi *Das neue Finnland* austragen.

So früh am Morgen fuhren jedoch noch keine Straßenbahnen, weshalb er mehrere Kilometer zu Fuß ging, um im Alten Kirchpark seinen Zeitungsstapel abzuholen.

»Wochenlang hat es nassen Schnee geregnet«, sagte Vater und starrte mit leeren Augen auf die Lange Brücke, der das Kanonenfeuer der Weißen Armee im finnischen Bürgerkrieg gewaltige Scharten verpasst hatte. »Da frage ich mich wirklich, was das sollte. Worum es da eigentlich ging.«

Ich sitze im Flur und warte.

Die Zimmertür, hinter der mein Vater liegt, steht halb offen.

Es ist elf Minuten vor zehn. Draußen heult monoton eine Sirene.

Mein Fieber scheint zu sinken, ich schwitze nur noch leicht und fühle mich angenehm matt. Aber mein Herz schlägt unregelmäßig.

Ich höre Vaters Stimme, er sagt etwas. Er fragt nach mir.

Vater fragt nach mir.

Ich stehe auf und gehe zur Tür.

Im Zimmer ist es schummrig.

Die Betten der Patienten sind durch Wandschirme getrennt.

Es riecht nach Erbrochenem.

»Hallo, Reiska!«, rufe ich einfach ins Dämmerlicht hinein.

Zwei Personen in weißem Kittel treten hinter einem der Wandschirme hervor. Einer von ihnen, ein junger Mann, trägt einen Schnurrbart und eine intelligent wirkende Nickelbrille mit goldenen Bügeln.

»Tschuldigung«, sage ich.

Hinter einem anderen Wandschirm wird gestöhnt, aber Vater ist es nicht.

»Ich bin die Nachfahrin von Reino Saisio«, sage ich laut und deutlich und präzisiere sofort:

»Die Angehörige.«

Stille.

Die Kittelträger ziehen sich wieder hinter den Wandschirm zurück.

Ich stehe auf der Türschwelle, vor dem Fenster klagt eine späte Amsel.

Ich betrete das Zimmer.

Meine Schuhsohlen poltern hohl, und in Gedanken schreibe ich folgenden Satz: Ihre Schuhsohlen polterten hohl. Ich korrigiere ihn: Ihre Schuhsohlen platschten hohl. Und noch ein Anlauf: Ihre Schuhsohlen hämmerten dumpf auf den Boden.

Ich wische die Sätze aus meinem Kopf und spähe hinter einen der Wandschirme.

Und dort liegt Vater, sein Blick streift mich kurz und schweift dann unkontrolliert weg; kurz bevor seine Lider sich schließen, sehe ich das Weiße.

»Tag, Reiska«, sage ich und greife seine Hand.

Führt sie hier für die Weißkittel ein Schauspiel auf? Die Frau könnte Ärztin sein, der mit der Nickelbrille ihr Assistent.

»Tag«, sagt Vater müde, »so sieht's jetzt also aus.«

»Ist nun mal so«, sage ich.

»Tja«, sagt Vater, »das Leben.«

»Ja.«

»Eine einzige Hängepartie.«

Vaters große Hand liegt wie eine tote Brasse in meiner, willenlos und kalt.

Als ich sie drücke, will er sie wegziehen.

Doch das lasse ich nicht zu, ich halte sie mit dem entschiedenen und berechtigten Griff der Angehörigen fest und lächele die Ärztin an.

»Was hat er denn?«, frage ich sie.

»Er ist sehr erschöpft.«

Und plötzlich spüre ich meine eigene Erschöpfung, sie ist abgrundtief.

»So wird es sein«, sage ich.

Irgendwo schluchzt jemand.

Die Ärztin überhört es geflissentlich, ich ebenfalls.

»Wir müssen ihn ein paar Tage hierbehalten«, sagt die Ärztin, und vor Erleichterung fange ich an zu weinen.

Und

sie wünscht sich nichts sehnlicher als einen Blick dieser Ärztin, ein Erkennen ihrer fiebrigen Erschöpfung und ihres irren Gerennes durch die Straßen, aber die Ärztin sieht an ihr vorbei zu ihrem Vater, der ihr seine Hand entzieht und sich wie ein kleines Kind die Wange reibt.

Feuer

Großmutter hat mich oft mittags zum Schlafen ins Bett gebracht.

Großmutter war der Ansicht, Schlaf sei für ein Kind die wichtigste Sache der Welt.

Sie war der Ansicht, dass ein Erwachsener mittags eine ungestörte Kaffeepause braucht.

Ihre Großmutter hat aus ihr eine Träumerin gemacht, ganz ohne Absicht.

Für die Dauer des Mittagsschlafs zog Großmutter stets die Vorhänge zu.

Auf der Fensterseite des Stoffes leuchteten goldene Haferähren auf braunem Grund und trennten sie von der Sonne, dem Apfelbaum, Tepsis Bellen und dem unterbrochenen Spiel.

Auf der Zimmerseite, wo sie mühsam dem Schlaf nachjagte, waren die Ähren braun und der Grund golden.

Später,

kurz nach Vaters Tod, würde sie diese Vorhänge in der Wohnung in der Hämeentie wiederfinden, oben auf einem Regal in der Kleiderkammer, und der schwache Geruch von Kampfer, Fliegenpapier und Suno-Waschmittel sollte sie für einen Moment wehmütig machen.

Hinter den Vorhängen ertönten Stimmen.
Alf und die Jungs vom Nachbar Alho mussten keinen Mittagsschlaf mehr machen und fuhren mit dem Tretauto aus Holz herum, das Onkel Viding, Alfs Vater, gebaut hatte.
So eins konnte Großvater nicht bauen.
Dafür hatte er mir ein Spielhaus gebaut, mit einer richtigen Veranda.
Das Spielhaus war im selben Grün gestrichen wie die Regentonnen, die Bänke im Garten, die Gitter im Steinsockel des Hauses, die Wände drinnen, der Wohnzimmertisch, die Kommode und überhaupt alles, was einen Anstrich braucht.
Dieses Grün war nun mal die Farbe, die man in der Nachkriegszeit immer gekriegt hat, lautete Großvaters Erklärung.
Ich lag im schummrigen Zimmer auf der Tagesdecke und hörte Großmutter in der Küche hantieren und seufzen.
Großmutter seufzte oft.

Ich kann nicht einschlafen.
Ich bin unruhig und frage mich, wann es endlich in mir zu wachsen beginnt.
Im Bauch zwickt es.
Vielleicht wächst es ja schon.

Großvater hat gesagt, wenn man den Stiel eines Apfels verschluckt, wächst im Bauch ein Apfelbaum. Und dann dauert es nicht lange, und die Zweige gucken einem aus dem Mund und den Ohren heraus.

»Wachsen dann auch richtige Äpfel an den Zweigen?«, habe ich ihn gefragt.

»Wieso sollten an einem Apfelbaum keine Äpfel wachsen?«, entgegnete Großvater.

»Und was für Äpfel?«

»Wie, was für Äpfel?«

»Na, welche Sorte?«

»Kläräpfel ganz bestimmt, und wieso nicht auch roter Zimtapfel und Antonowka.«

»Und kann man die essen?«

»Aber natürlich kann man die essen!«

»Dann kommen die einfach aus den Ohren raus, und man pflückt sie ab?«

»Jetzt lass mal gut sein, Kind.«

Das war Großmutter, die sich eingeschaltet hat.

Dann bin ich nach draußen zum Zimtapfelbaum neben der Feuerleiter gegangen, den Großmutter vom Fenster aus nicht sehen konnte.

Ich habe mich auf die Zehenspitzen gestellt und einen tief hängenden Apfel abgerissen. Er war noch nicht reif, und unreifes Obst darf man nicht essen, aber ich habe ja nur den Stiel verschluckt.

Bis zum Abend habe ich noch nichts gemerkt.

Am nächsten Morgen habe ich meine Ohren abgetastet. Wieder nichts.

Großvater war schon zur Werkstatt aufgebrochen, also konnte ich nur mit Großmutter über die Angelegenheit sprechen:

»Wie schnell wächst eigentlich ein Baum?«

»Hm. Was für eine Art Baum meinst du denn?«

»Na, zum Beispiel ein Apfelbaum.«

»Ach, Kind«, sagte Großmutter und seufzte, »Bäume wachsen langsam, viel langsamer als zum Beispiel Blumen oder Büsche.«

»Und wenn sie im Bauch wachsen?«

»Im Bauch?«

»Ja, wenn der Apfelbaum im Bauch wächst!«

»Ach, Kind, jetzt gehst du mal raus. Und schau gleich nach, ob da jemand im Anmarsch ist, Tepsi knurrt so komisch.«

Jetzt ist es schon zwei Tage her, dass ich den Apfelstiel geschluckt habe.

Ich liege auf der Tagesdecke und warte.

Ich betrachte meine Hände. Weich und klein sind sie, und die Innenflächen schwitzen schnell.

Wenn ich groß bin und ein Mann, werde ich die gleichen Hände haben wie Großvater: groß und hart und trocken. Mit kleinen Narben von Schweißfunken.

Mit solchen Händen kann man einen krummgeschlagenen Nagel rausziehen, ganz ohne Klauenhammer.

Und

Jahrzehnte später, als aus ihr – entgegen ihrer Planung – eine Frau und Mutter geworden ist, betrachtet sie gern die ausgeblichenen Narben, die sich auf ihren Händen angesammelt haben.

Die Vorhänge flattern im warmen Wind.

Um die Deckenlampe kreisen zwei dicke Fliegen.

Es ist heiß und langweilig.

Unter den eingerahmten Familienfotos hat Großmutter mit zerdrückter Pellkartoffel ein Bild an die Wand geklebt: Auf dem Ausschnitt aus der Zeitschrift *Einblicke in die Tschechoslowakei* sammeln Frauen und Männer in Arbeitsanzügen Weintrauben mit riesigen Körben.

Weintrauben habe ich erst ein Mal gegessen. Mutters Chefin Irja Markkanen hat sie uns aus ihrem Kolonialwarenladen mitgegeben, weil niemand sie kaufen wollte. Sie waren klein, schrumpelig und sehr sauer.

Ich mag Weintrauben nicht, und das Bild auch nicht, weil es unscharf ist und schwarz-weiß.

Mehr gibt es in diesem Zimmer nicht anzugucken. Und die Zeit will nicht vergehen.

Natürlich gibt es noch den Wandbehang, gleich über mir am Kopfende des Bettes.

Aber auch den mag ich nicht. Den unteren Rand hat Misse mit ihren Krallen zerfetzt, und sowieso ist das ganze Ding schon ziemlich abgenutzt.

Das Bild auf dem Stoff zeigt angeblich das alte Italien.

Auch da gibt es Weintrauben, viele sogar, aber vor allem gibt es einen Jungen mit einem dünnen Strick. Der Strick ist an einen Stock geknotet, und der Stock hält eine kleine umgedrehte Kiste schräg hoch. Der Junge grinst breit, denn ein Vogel ist unter die Kiste gegangen, um Körner aufzupicken.

»Und dann muss der Junge nur noch am Strick ziehen, und peng«, hat Großmutter dazu gesagt.

»Was, peng?«, habe ich gefragt.

»Die Falle schnappt zu.«

»Die Falle schnappt zu?«

»Na, wenn der Stock weg ist, fällt die Kiste auf den Boden, und der Vogel ist drin. Auweia, der Arme.«

»Und der Junge packt ihn und isst ihn auf«, schaltet Großvater sich ein. »Da unten in Südeuropa essen sie einfach alles, sogar Spatzen.«

Vom Apfelbaum keine Spur.
Die Mittagszeit ist lang, trist und staubig.
Großmutter macht die Tür auf.
Ich kneife die Augen zusammen und versuche, regelmäßig zu atmen.
Gleich wird Großmutter fragen, ob ich schlafe, aber ich bin schlau und werde nicht antworten.
Doch sie ist noch schlauer als ich:
»Bist du wach?«
»Nein«, sage ich und kriege einen heißen Kopf, gleich wird Großmutter über mich lachen.
Aber sie lacht nicht.
Mit getragener Stimme sagt sie:
»Steh mal auf.«
Schnell rappele ich mich hoch, ich bin kein bisschen müde.

In der Küche riecht es nach Kaffee. Draußen rennt Tepsi an der Kette hin und her und bellt aufgeregt.
»Setz dich hin.«
Ich setze mich an den Tisch. Großmutters Stimme macht mir Angst. Ich gehe im Kopf durch, was am Vormittag passiert ist, aber mir fällt nichts Schlimmes ein.
Außer das mit dem Apfel.
»Ich habe nur den Stiel gegessen, nicht den unreifen Apfel«, versichere ich.
Doch Großmutter hört gar nicht zu.
»Schau mal, da hinten.«

Großmutters Zeigefinger, dem seit einem Unfall in der Keramikfabrik die Kuppe fehlt, weist aus dem Fenster.

Vor dem Fenster liegt das Feld.

Und hinter dem Feld rauscht die Landstraße, die Mutter, Vater und Tante Ulla samstags entlangkommen, wenn die Läden zugemacht haben.

Am Rand des Feldes steht ein großes zweistöckiges Gebäude, das vornehmste der ganzen Gegend.

Es hat sogar einen Namen: Pickatilli.

Und

erst vierzig Jahre später wird sie zufällig erfahren, dass es in diesem Haus in den Fünfzigern ein Restaurant gab, das Piccadilly hieß.

In den Neunzigern wird es wiedereröffnet, und in den renovierten Räumen hängen, so hört sie, zahlreiche Schwarz-Weiß-Fotos des alten Piccadilly.

Sie nimmt sich vor, hinzugehen und sie sich anzuschauen, vergisst es aber wieder.

Das Pickatilli brennt.

Die Flammen lodern hoch, der Himmel ist schwarz vor Rauch.

Feuerwehrsirenen heulen.

»Das wird jetzt ganz und gar runterbrennen«, sagt Großmutter und schenkt uns Kaffee ein. »Ach je, ach je.«

»Kommt das hierher?«, frage ich ängstlich.

»Was?«

»Das Feuer.«

»Bestimmt nicht«, sagt Großmutter und steckt sich einen Zuckerwürfel zwischen die Lippen.

In der Küche riecht es nach Kampfer; Zimtschnecken hat Großmutter diesmal nicht gedeckt, und das verstehe ich, denn das Feuer ist eine ernste Sache.

»Wirklich nicht?«, wage ich nachzufragen.

»Was meinst du jetzt wieder?«

»Na, das Feuer«, sage ich, »vielleicht kommt es über das Feld rüber zu uns.«

»Nein, das wird es nicht.«

Und

erst in diesem Moment traut sie sich, es zu genießen.

Sie wünschte, die Flammen schlügen noch höher, bis in den Himmel.

Sie wünschte, die Sirenen heulten noch lauter, und der Rauch vom Löschen würde verschwinden.

Vater hat als kleiner Junge mit Streichhölzern gespielt, die Vorhänge in Brand gesetzt und dafür sofort eins mit dem Stock bekommen.

Ich spiele nicht mit Streichhölzern, aber den Stock kriege auch ich.

In einem *Donald-Duck*-Heft gibt es eine schreckliche Geschichte über ein Feuer.

Alf und ich können zwar noch nicht lesen, aber die Bilder verstehen wir.

Da fliehen die Elche und Hasen und Vögel ängstlich vor den roten Flammen, und wir müssen weinen, sogar Alf, obwohl er ein Junge ist.

Wir sitzen unter den Fichten, die das Grundstück begrenzen, der Rasen ist blau gesprenkelt mit Ehrenpreis und Kornblumen.

»Stell dir vor, hier würde es brennen«, flüstert Alf mit zitternder Unterlippe.

»Stell dir vor, Tepsi brennt«, flüstere ich und sehe Tepsi durch den lodernden Wald rennen, die lose Kette rasselt hinter ihm her.

Entsetzt starren wir zum Horizont. Hinter dem Feld steigen rote Flammen auf und kommen näher.

Alf nimmt meine Hand.

Geschockt starren wir zum Horizont. Das Feuer frisst sich auf uns zu.

»Dort ist es«, flüstert Alf.

»Ja«, flüstere ich.

»Es kommt hierher«, wimmert Alf.

Als seine Hose plötzlich klitschnass ist, wissen wir, es ist bitterer Ernst.

Wir können den Rauch schon riechen.

»Wir müssen um Hilfe rufen«, sage ich.

»Ja«, flüstert Alf.

Um Hilfe zu rufen ist gar nicht so leicht.

Obwohl ich meinen Mund weit aufreiße, kommt nur ein dünnes Krächzen heraus.

Alf nimmt seinen ganzen Mut zusammen und brüllt los:

»Hilfe! Hilfe! Hilfe, Hilfe, Hilfe!«

Das klingt gut, und jetzt brülle auch ich:

»Hilfe! Hilfe! Hilfe, Hilfe, Hilfe!«

Wir rennen die Straße entlang und rufen um die Wette.

Das *Donald-Duck*-Heft bleibt auf dem Rasen im blau lodernden Blumenteppich zurück und taucht nie wieder auf.

Erst kommt Großmutter Viding durch ihr Gartentor auf die Straße gelaufen, dann meine Großmutter durch unser weiß gestrichenes Tor.

Die alte Frau Johansson lugt nur durch die Fliederhecke.

»Was ist los?«, ruft Großmutter Viding uns entgegen.

Sie trägt ihre schwarze Baskenmütze, die die Ohren so böse runterdrückt.

Und irgendwie lassen die komische Baskenmütze und die abgeknickten Ohren das Feuer schrumpfen.

»Es brennt«, sagt Alf trotzdem, aber seine Stimme klingt wieder ganz normal.

»Aha, und wo?«, fragt Großmutter streng.

Ich drehe mich um.

Der Himmel am Horizont leuchtet hellblau, eine einzelne Schäfchenwolke schwebt über den Fichten.

»Wir haben bloß gespielt«, stammelt Alf.

»Etwa mit Streichhölzern?«, zischt Großmutter Viding. »Mit Streichhölzern wird nicht gespielt, niemals, merk dir das!«

Schon zieht sie Alf fest an den Haaren.

Großmutter Viding und Großmutter beraten sich kurz, obwohl sie sonst nicht miteinander sprechen. Sie kommen zu dem Schluss, dass wir etwas Verbotenes gemacht haben.

Nachdem ich was auf den Po gekriegt habe, muss ich mich an den Küchentisch setzen. Großmutter stellt mir fadenziehenden Joghurt und eine Zimtschnecke hin und erzählt mir die ernste Geschichte vom Hirten, der um Hilfe ruft: Der Wolf kommt, der Wolf kommt, dabei ist da gar kein Wolf. Und als der Wolf dann wirklich kommt, glaubt es keiner mehr, und der Wolf frisst alle Schafe und vielleicht sogar den Hirten, das weiß Großmutter nicht mehr so genau.

Ich bin nicht sicher, was ein Hirte genau macht, aber was es auch immer sein mag, wichtig ist, dass man nie, niemals der Wolf kommt, der Wolf kommt rufen darf, wenn man nicht wirklich einen Wolf sieht.

Das grausigste Bild von einem Feuer, das ich kenne, ist in dem kleinen braunen Almanach, der über Tepsis Körbchen an einer Schnur an der Wand hängt, gleich neben dem Kuli aus den *Kosmos*-Heften, Vaters Science-Fiction-Magazin.

Das Bild ist eine Zeichnung von einem heruntergebrannten Gebäude und weinenden Kindern, die ihr Zuhause verloren haben.

Großmutter sagt, das Bild soll Kindern einbläuen, dass man gefälligst die Finger von Streichhölzern lässt, aber Großvater korrigiert sie, das sei bloß die Werbung einer Brandschutzversicherung, mit der reiche Bürgerliche den Arbeitern in ihren kleinen Holzhäusern das Geld aus der Tasche ziehen wollen.

Zum Glück ist keines der Kinder versehrt, nur der Teddy des kleinsten Mädchens hat ein verkohltes Ohr.

Aber die Kinder haben ihr Zuhause verloren.

Sie haben wirklich kein Zuhause mehr.

Als Großvater von der Arbeit kommt, darf ich als Erste vom Feuer im Pickatilli erzählen. Tepsi kann ja nicht reden, dabei merkt er immer als Erster, wenn Großvater kommt. Schon bevor Großmutter und ich ihn um die Weißdornhecke biegen sehen, kratzt er unruhig mit den Pfoten an der Küchentür.

Tepsi und ich laufen Großvater entgegen.

Der holt aus seiner alten Arbeitstasche einen Zipfel Wurst und für mich einen Da-Capo-Schokoriegel.

»Das Pickatilli ist abgebrannt«, sage ich, aber irgendwie will meine Stimme nicht so richtig aus dem Hals raus, dabei habe ich mich den ganzen Nachmittag auf genau diesen Satz vorbereitet.

»Was?«, fragt Großvater.

»Das Pickatilli ist heute abgebrannt.«

»Tja, das habe ich schon mitbekommen«, sagt Großvater, macht seine Tasche wieder zu, wischt sich mit seiner plattgedrückten Schirmmütze den Schweiß von der Stirn und geht das kurze Stück bis zum Haus wie immer schweigend hinter mir und Tepsi her.

Aber dann reden Großmutter und Großvater doch den ganzen Abend über das Feuer.
Und die Ruine des Pickatilli qualmt am Feldrand vor sich hin.
Die Sonne geht unter, und über die Ruine ziehen dunkelgraue, ausgefranste Wolken.
Wir essen Kartoffeln, Heringssteaks und braune Soße und schauen über das Feld, wir alle drei.
Tepsi bettelt um Essen, obwohl er das nicht darf, und Misse liegt auf der Kommode in der Tortenschachtel, die ihr Körbchen ist, und putzt sich sauber.
»Sieht so aus, als wäre die Feuerwehr immer noch da«, sagt Großmutter und gibt Tepsi die Kartoffelschalen.
»Wozu denn?«, wage ich zu fragen.
»Die werden noch die ganze Nacht da sein«, brummt Großvater.
»Aber wozu?«, frage ich noch einmal.
Großmutter holt den Beerenbrei vom Herd, und wir essen den Nachtisch von denselben Tellern wie den Fisch und die Soße.

Zu Hause benutzen wir Extrateller.
Den Nachtisch vom selben Teller zu essen wie das Hauptgericht findet Mutter eklig und außerdem altbacken.

»Aber was macht die Feuerwehr da noch die ganze Nacht?«, riskiere ich einen letzten Versuch.

»Pass mit deinem Glas auf, sonst kippst du gleich deine Milch um«, sagt Großmutter.

Das abgebrannte Pickatilli beschäftigt uns lange. Irgendwann geht der erste Stern auf, und ich bin noch immer nicht im Bett.

»Das darfst du deiner Mutter aber nicht verraten, die denkt sonst, wir geben nicht gut auf dich acht«, sagt Großmutter.

Sogar im Bett reden wir weiter über das Pickatilli, weil wir nicht einschlafen können, wir alle drei.

Aber im Bett zu reden ist nicht so einfach, weil Großmutters und Großvaters Zähne auf der Küchenkommode in zwei Wassergläsern schweben und ich mir große Mühe geben muss, das Wichtigste zu verstehen.

Großvater riecht nach Handcreme und Großmutter nach Kampfertropfen, weil es so ein anstrengender Tag war.

»Und das ist auch kein Wunder«, wie sie sagt.

Großmutters Finger zupfen an der Bettwäsche, die sie eigenhändig mit einer weißen Spitzenborte und dicken roten Schlangen verziert hat, die sich nebeneinander aufbäumen.

Erst

später als Erwachsene hat sie verstanden, dass die feuerroten Schlangen Großmutters Initialen sind: Selma Saisio.

Und noch viel später ging ihr erst auf, dass Großmutter ihre Wäsche in den Neunzehnhundertzehnerjahren bestickt haben muss, als Großvater – und mit der Heirat auch sie – noch Sulander hieß und nicht Saisio; die Umstellungswelle schwedischer Nachnamen auf finnische kam erst in den Dreißigern.

Und vielleicht heißt die ganze Familie nur deshalb Saisio,

damit Großmutter ihre sorgsame Stickerei nicht mühsam wieder auftrennen musste.

Die Bettwäsche war aus festem, weißem Leinen.

Nach Vaters Tod hat sie sie perfekt gebügelt in der Kleiderkammer der alten Wohnung in der Hämeentie gefunden.

Sie verschenkte sie und bereute es schon bald.

Aber da war es zu spät.

Ein Strudel hatte die Bettwäsche erfasst und in der ganzen Stadt verteilt, bereits zwei Wochen danach sah sie im südlichen Helsinki im KOM-Theater ein Selma-Saisio-Laken die Intendantenecke gegen den Zuschauerraum abgrenzen und im Frühling ein weiteres das Fenster des Puppentheaters Rooma schmücken, nordöstlich des Zentrums in Vallila.

»Da gab's dauernd Ärger mit dem vielen Schnaps«, sagt Großvater im Dunkeln.

Hinter den Vorhängen mit den Haferähren sind auch die Verdunkelungsvorhänge aus Kriegszeiten vorgezogen, das bräunliche Papier ist an den Rändern schon seit Langem eingerissen.

Ich liege zwischen meinen Großeltern auf dem alten Doppelbett. Auf Großvaters Seite in seinem Arm, denn Großmutter füllt ihre Seite voll aus.

»Fast jeden Abend war die Polizei da«, sagt Großmutter.

»Polizei, Osterei!«, sage ich.

Aber Großmutter und Großvater starren stumm zur Decke.

Im Zimmer riecht es jetzt ein bisschen nach Rauch, wahrscheinlich hat der Wind gedreht und weht ihn vom Pickatilli zu uns rüber.

Tepsi schläft unruhig, bestimmt riecht auch er den Rauch.

»Aber am schlimmsten ist das mit dem Mädchen«, sagt Großvater.

»Was für ein Mädchen?«, frage ich.

Auf die Antwort muss ich lange warten.

»War erst zwei Monate alt, das Kind«, sagt Großmutter schließlich mit einer Stimme, die die Tränen wegdrückt. »Das arme Ding.«

»Was ist mit ihr?«, frage ich.

»Verbrannt«, sagt Großmutter und wischt sich über die Wange, ganz schnell, damit Großvater es nicht mitbekommt und sie anraunzt, nicht vor dem Kind zu heulen. »Das arme Kind ist in seiner Wiege verbrannt. Oder wo auch immer es gelegen hat.«

Jetzt wird sie nicht mehr einschlafen.

So lange hat sie auf einen Brand gehofft.

Sie hat sich gewünscht, dass ein Feuer ausbricht, das weiß sie ganz genau.

Sie hat sich Flammen und Feuerwehrmänner und Sirenengeheul gewünscht und dass ihr Mittagsschlaf davon unterbrochen wird.

Sie hat sich den Brand auf genau die Weise vorgestellt, wie er eingetreten ist.

Nur dass ein Kind verbrennt, das hat sie sich nicht gewünscht.

Oder

habe ich das doch?

Als Großvater sich schon längst zur Seite gedreht hat und schnarcht, liegen Großmutter und ich noch immer wach.

Großmutter geht in die Küche, isst ein Butterbrot und nimmt Kampfertropfen, und ich trinke ein Glas Milch, damit mein

Mund nicht mehr so trocken ist und meine Kehle nicht mehr so eng, beinahe zugeschwollen ist sie.

Dann legen wir uns wieder hin, können aber auch jetzt nicht schlafen.

Sogar Tepsi kann nicht schlafen, er hockt in der Küche auf einem Stuhl und späht aus dem Fenster zur qualmenden Ruine hinüber.

Ich weiß nicht, ob ich mich trauen soll, Großmutter zu fragen.

Manchmal ist sie unberechenbar und kann schnell wütend werden, und dann holt sie Birkenzweige als Rute oder die Kampfertropfen aus der Kommode.

Großmutter starrt an die Decke, wischt sich ab und zu über die Wangen und seufzt.

Ich beschließe, es zu riskieren.

»Großmutter?«

»Ja?«

»Wenn man sich wünscht, dass es brennt, ist das …«

Sie weiß nicht, wie sie weiterfragen soll.

Sie weiß nicht, was genau sie fragen will.

Aber sie weiß, dass die Frage wichtig ist, so wichtig wie Leben und Tod.

»Was meinst du?«, fragt Großmutter mit Tränen in der Stimme.

»Na, ob das schlimm ist«, frage ich aufs Geratewohl.

»Ob was schlimm ist?«

»Wenn man sich wünscht, dass es brennt.«

»Warum sollte man sich so was wünschen? Und vor allem, bei wem soll es denn brennen?«, fragt Großmutter.

Sie windet sich.

    Sie hat das Feuer niemandem gewünscht.

    Es sollte einfach nur brennen.

»Bei niemandem.«

    »Aha.«

    »Aber man hat es sich trotzdem gewünscht.«

    »Was genau?«

    »Na, dass es brennt.«

    »Aber so was wünscht sich doch keiner«, sagt Großmutter.

    »Vielleicht ja doch. Irgendjemand.«

    »Ja, und dann?«

Ich glaube nicht, dass es hilft, wenn ich weiterfrage, aber jetzt kann ich nicht mehr zurück:

»Wenn sich zum Beispiel ein kleines Mädchen wünscht, dass irgendwo ein großes Feuer ausbricht.«

    »Aber das ist doch undenkbar«, sagt Großmutter entschieden. »Das wäre wirklich ein böses Mädchen. Ein ganz, ganz schlechter Mensch wäre das.«

Jetzt schwillt ihr die Kehle richtig zu.

    Sie würde alles dafür geben, wirklich alles, wenn sie ihren Wunsch zurücknehmen könnte.

    Still liegt sie da.

    Wenn sie Großmutter gesteht, dass sie den Brand im Pickatilli verschuldet hat, holt Großmutter sofort die Birkenrute, da würde sie gleich mitten in der Nacht was übergezogen kriegen.

    Aber das wäre noch nicht das Schlimmste.

    Denn Großmutter jagt sie fort.

Großmutter jagt mich fort.

Großmutter jagt mich fort, wenn sie erfährt, wie ich wirklich bin.

Und wenn sie mich fortgejagt hat, wo soll ich dann hin? In die Stadt finde ich nicht zurück, weil der Busfahrer ein durch und durch schlechtes Kind nicht mitnehmen würde.

Ich würde mich im Wald verlaufen und einem Wolf begegnen, der mich auffrisst, und keiner käme mir zu Hilfe, egal wie oft ich rufe, dass der Wolf kommt.

Oder ich würde einem schmierigen Onkel begegnen, der mir komische Süßigkeiten aufzwängt und etwas mit mir macht, das mir Angst einjagt, aber auch so was wie Lust; doch was genau das ist, weiß ich nicht, weil niemand es mir sagt.

Tepsi würde mich vermissen. Er würde an seiner Kette zerren und winseln, und dass ich das Feuer herbeigewünscht habe, wäre ihm egal, denn ich bin der einzige Mensch auf der Welt, der die Süßigkeitentüte von Fazer genau zur Hälfte mit ihm teilt.

Mutter würde nach mir suchen, mich aber nicht finden und sofort in Turtos Milchladen marschieren, wo auch ich herstamme, und sich ein neues Baby holen.

Es wäre ein Mädchen, und auch das nennt sie Pirkko, aber diese Pirkko hat blonde Locken und Grübchen in den Wangen und ist aufgeweckt und lieb und brav, und bald würde Mutter mich vergessen, sodass es gar nichts nützt, wenn ich wie Hänsel und Gretel im Wald überlebe und irgendwann zurück in die Stadt und nach Hause in die Fleminginkatu finde, denn Mutter wüsste gar nicht mehr, wer ich bin.

Was folgte, war die längste Woche ihres Lebens.

Selbst vierzig Jahre später kann sie das blasse Mädchen noch vor sich sehen: Lustlos trottete es in der Hitze im Garten umher, ließ sich ins pieksige ausgedorrte Gras fallen, stierte in den durchscheinend blauen Himmel und versuchte zu träumen.

Aber am Himmel zeigte sich kein einziger Wolkenfetzen, und ihre Gedanken wurden dumpf und schwer.

Dann fielen ihr die von schlaflosen Nachtstunden brennenden Augen zu.

Hoch über ihr im blauen Nichts brummte ein Flugzeug und dichter an ihrem Ohr eine beharrliche Hummel.

Irgendwann weckte Großmutter sie dort neben dem Brunnen auf:

»Du hast hoffentlich nicht in den Brunnen geschaut? Das ist gefährlich!«

»Hab ich nicht.«

Großmutter zerrte sie am Arm ins Haus und drückte sie auf einen Stuhl am Esstisch.

Durchs Fenster sah sie das bräunlich vertrocknete Feld, dahinter glänzte das verkohlte Skelett.

Großmutter war böse, und

wenn sie vier Jahrzehnte später auf die beiden schaut, die einander am grün gestrichenen Tisch gegenübersitzen, hat sie Mitgefühl: mit dem kleinen Mädchen, das vor Schuldgefühlen stumm und apathisch ist, und mit der alten Frau, die sich um das Mädchen sorgt.

Dunkel ahnte sie schon damals, dass Großmutter sich den ganzen trüben Winter auf sie freut.

Was sie aber nicht wusste, war, dass Großmutter auch Angst vor dem Sommer hatte, denn ein Sommer ist schnell vorbei, und dann kommt wieder ein Winter, und mit den Jahren entfernt ein Kind sich immer weiter: Es wird älter, erwachsener, fremder.

Großmutter sprach oft von der Konfirmation, die irgendwann käme, und dass sie ihr dann die blutroten Rubinohrringe schenken würde, die in Zeitungspapier eingeschlagen in der obersten Schublade der alten Truhe warteten.

Und

weder sie noch ich konnten wissen, dass Großmutter zu meiner Konfirmation nicht mehr leben und der Rubinschmuck drei Jahrzehnte lang in einem Bastkorb in Vaters Schlafzimmer ruhen würde, um dann an Kerttus Ohren plötzlich wieder aufzutauchen und kurz darauf im Dauerchaos der Demenzabteilung des Altenheims unterzugehen.

Großmutter setzte ihr Rhabarbersuppe und ein gebuttertes Hefeteilchen vor und steckte sie, als sie die aufgenötigte Zwischenmahlzeit verdrückt hatte, zum Mittagsschlaf ins Bett; die Vorhänge mit den Haferähren verdunkelten das Zimmer.

Dann legte Großmutter sich neben sie und erzählte mit leiser Stimme gleich drei Geschichten hintereinander.

Ich mochte Großmutters Geschichten nicht.

In denen waren die Kinder egoistisch und stolperten immer wieder über ihren Hochmut. Und wenn die Zeit der bitteren Reue kam, war es schon zu spät.

Nur die Brandruine des alten Zuhauses oder das morsche Kreuz im Kirchgarten bezeugten die vergebliche Bitte um Vergebung.

Aber

in Großmutters dritter Geschichte war die böse Hauptfigur dieses Mal überraschenderweise kein Kind, sondern eine Katze.

Sie kippte die Milchkanne einer alten Frau um, worüber die alte Frau so wütend wurde, dass sie der Katze eins überzog. Das kränkte die Katze, und sie verschwand durch die Tür der grauen Holzhütte in die dunkle Nacht.

So sehr die alte Frau auch nach ihr rief, die Katze kam nicht zurück, und da weinte die Alte bitterlich, erst über die umgekippte Milch, dann über die Katze, ihre einzige Freundin, die sie für immer und ewig verloren hatte.

Ab der Stelle mit der einzigen Freundin begann Großmutter selbst zu weinen, so heftig, dass auch sie weinte.

Zuerst weinten sie gemeinsam über dasselbe: die für immer und ewig verlorene Katze, und da dachten sie natürlich an Misse, die in diesem Moment vermutlich zufrieden in ihrer Tortenschachtel lag und das kleine Eichhörnchen verdaute, das die ganze Woche nervtötend im Antonowka-Apfelbaum herumgehüpft war.

Dann weinte jede für sich über eigene Dinge: sie über ihre Schuld, und Großmutter über ihr stehen gebliebenes Leben im abgelegenen Vorort Mellunkylä im Nordosten der Stadt, von wo sie nie, nie wieder nach Kallio ins Zentrum zurückkäme, wo es Wasserleitungen gab und man in eine Porzellanschüssel pinkelte statt in den Abwassereimer und man jeden Tag auf dem Markt frische Heringe und Eier bekam.

Doch auch wenn ein Tag noch ewig weit fort erscheint, irgendwann kommt er, der Samstag.

Und am Samstag kommt Mutter.

Ich muss ihr unbedingt von dem Feuer erzählen, denn ich weiß, Mutter versteht so was und kann es auch erklären.

Und Mutter wird auf jeden Fall finden, dass sich einen solchen Hausbrand doch wirklich niemand wünscht, und sie dazu bringen, das selbst zu glauben.

Ich habe in meinem eigenen Beet ein Körbchen Erdbeeren für Mutter gepflückt, und während ich unter der Fliederhecke von Bomans auf den BMW meiner Eltern warte, esse ich bloß drei.

Und dann kommt der BMW in einer Staubwolke, doch sogar durch den Staub kann ich sehen, dass Mutter mir vom Beifahrersitz zuwinkt.

Vater hält neben mir an, und die Hintertür geht für mich auf.

Mutter ist hübsch und sommersprossig, stinkt aber ein bisschen nach Stadt, trotzdem geht es mir auf der heißen Rückbank gleich ein bisschen besser.

Großvater hat die Sauna angeheizt.

Er sitzt draußen auf der grünen Bank und bindet Birkenquasten.

Vater spielt mit Tepsi, der ganz wild ist.

Und Großvater ist beleidigt, denn immer, wenn die Eltern kommen, hüpft Tepsi an Vater hoch und bellt fröhlich und beachtet niemanden sonst.

»Unnötiges Rumgetolle«, brummt Großvater und schiebt seine Schirmmütze auf den Hinterkopf. »Das verzieht den Hund nur!«

Großmutter sitzt auf der Betontreppe und mahlt Kaffee, und

Mutter sitzt neben ihr und steckt sich gedankenverloren meine Erdbeeren in den Mund. Sie trägt den Rock, den Vater ihr aus Bukarest mitgebracht hat, den mit den vielen Erdkugeln unten am Saum und den tanzenden Nationen, die Hand in Hand den ewigen Weltfrieden preisen.

»Herrlich, nach einer anstrengenden Woche auf dem Land zu sein«, seufzt Mutter.

»Ihr geht erst mal in die Sauna, und dann trinken wir einen starken Kaffee«, sagt Großmutter.

»Schön«, sagt Mutter.

Sofort werde ich nervös.

»Ich will als Erste rein, nur mit Mutter!«, sage ich und schaue Mutter so lieb und einladend an, wie ich kann.

»Aber Vater kann doch auch mitgehen, oder?«, sagt Mutter und bemerkt meinen Blick nicht.

Vater hat auf dem Handrücken eine blutende Stelle von Tepsis Zähnen.

»Köstliche Erdbeeren, Reiska, probier auch mal, die sind dieses Jahr besonders gut«, sagt Mutter zu Vater.

»Die sind aus meinem eigenen Beet«, sage ich.

»Donnerwetter, wirklich?«, fragt Mutter.

Ich werde rot: Mutter übertreibt bei so was wie eine schlechte Schauspielerin.

Vater setzt sich zu Mutter und drückt ein Stofftaschentuch auf seine Hand.

»Tepsi hätte besser erzogen werden müssen.«

»Zeig du mir mal einen Hund, der bei so einem Unsinn nicht verrückt wird«, widerspricht Großvater, und darauf sagt Vater, wie ich schon vorher weiß:

»Taru, das war ein toller Hund.«

Ich habe Taru gehasst.

Dabei war sie bereits tot, als ich geboren wurde.

Taru war Tepsis Mutter, und es gibt gleich mehrere Fotoalben voller Hundebilder.

Taru mit einem Stock im Maul und bravem Blick in die Kamera.

Taru auf der Jagd nach einem Ball. Taru auf dem Sofa mit nach links geneigtem Kopf, Taru auf einem anderen Sofa mit nach rechts geneigtem Kopf.

Taru vor einen Schlitten gespannt, auf dem ein fremdes Kind mit blonden Locken und einer Wollmütze aus Kriegszeiten sitzt.

Das alte Schlittengeschirr liegt noch immer auf dem Dachboden, aber ich würde niemals wieder darum bitten, es Tepsi anzulegen.

Als ich das einmal getan habe, und Großvater kann mir keinen Wunsch abschlagen, ist Tepsi mit eingeklemmtem Schwanz jaulend durch den Garten gerannt.

»Gut, geh ich also mit Pirkko zuerst«, sagt Mutter zu meiner Erleichterung.

»Na, dann geht ihr beiden mal«, sagt Vater und legt seine Hand auf Mutters Knie.

Großmutter sieht woandershin, kriegt es aber trotzdem mit.

Tepsi leckt sich hektisch die Schnauze und schaut zu Vater.

In der Sauna gehört Mutter mir allein.

Ich sitze neben ihr auf der oberen Bank.

Mutter ist schweißig und weiß und schön.

Jetzt müsste ich über das Feuer sprechen, aber meine Haut brennt, und die heiße Luft sticht mir so weit oben in der Sauna in die Nase.

Mutter wirft eine Kelle Wasser auf den Ofen und schaut aus

dem Fenster, obwohl es dort außer Schutt und Unkraut nichts zu sehen gibt.

Dann streckt sie sich aus und legt ihren Kopf auf meinen Schoß.

Ihre Haare brennen auf meinen Schenkeln.

»Ach, ist das schön, in der Sauna zu sein«, murmelt sie und summt ein Lied, das ich nicht erkenne.

Aber

das erkannte sie: Dieses Lied weckte bei Mutter Erinnerungen, in denen sie noch nicht vorkam.

Es waren alte Erinnerungen, und die sehnsüchtige Melodie, die ferne Orte und Zeiten in sich trug, versetzte ihr einen kleinen eifersüchtigen Stich.

»Ach, ist das schön, in der Sauna zu sein«, murmelt Mutter noch einmal, und nun müsste ich wirklich anfangen.

»Du, rate mal was?«, sage ich und weiß sofort, dass das ungeschickt war.

»Güllefass!« Mutter stemmt ihre Beine an die rußige Decke.

»Hä?«, frage ich.

»Weißt du was? Güllefass! Das haben wir in meiner Kindheit in Varkaus immer gesagt.«

»Aha.«

Der Saunaofen zischt.

Draußen tippt ein aus dem Unkraut hochgeschossenes Weidenröschen an die Fensterscheibe.

Tepsis aufgeregtes Bellen ist bis hier drinnen zu hören.

»Einfach so, so schön«, sagt Mutter, streicht sich über die Oberschenkel und wischt Schweiß von Bauch und Brüsten, seufzt tief und ist fort, weit fort.

In Handtücher gewickelt, sitzen wir draußen auf der Bank und trinken Saft vom Vorjahr.

Er schmeckt eher nach Schimmel als nach Erdbeeren.

Vater reibt die Motorhaube des BMW mit Putzwolle ab.

Er trägt seine Chauffeurmütze und hält ab und zu inne, um sein Spiegelbild zu betrachten, weil er sich unbeobachtet fühlt.

Tepsi stellt sich schlafend und tut, als würde er Vater nicht mehr beachten, um dessen verletzte Hand Großmutter einen Verband aus zerschlissenem Leintuch gewickelt hat.

Großvater stutzt den ausgedörrten Rasen mit der Sichel zurecht, in der Hocke.

»Hat Großvater schon was getrunken?«, fragt Mutter mich.

»Was getrunken?«, frage ich zurück.

»Na, seinen Schnaps«, sagt Mutter. »So emsig, wie er arbeitet.«

Über uns macht Großmutter das Küchenfenster auf und steckt den Kopf durch die Vorhänge.

»Kommt ihr bald?«, ruft sie zu uns herunter. »Der Kaffee wäre gleich so weit!«

Nun muss ich mich aber beeilen.

»Du, das Feuer«, fange ich an, obwohl Vater mich hier draußen hören kann.

Mutter sieht zu Vater und summt schon wieder leise vor sich hin.

»Hmm?«, fragt sie zerstreut.

»Das Pickatilli«, sage ich und fange trotz der Wärme an zu bibbern.

»Ach je«, sagt Mutter verträumt und lächelt Vater zu, der

seine Chauffeurmütze aufs glänzende Blech gelegt hat. »Das war wirklich eine entsetzliche Sache.«

Wieder geht das Küchenfenster auf.

»Keine Eile«, ruft Großmutter und stützt sich aufs grüngestrichene Fensterbrett, »ich will euch nicht hetzen. Ihr sollt saunieren, so lange ihr wollt.«

»Lass uns mal waschen und reingehen.« Mutter steht auf, wickelt ihr Handtuch fester um sich und atmet die Abendluft ein, die mit der Dämmerung leicht abkühlt. »Was für ein schöner Abend.«

Mutter seift mir die Haare ein.

Beim Haarewaschen kann man nicht gut reden.

»Brennt es?«, fragt Mutter.

»Nein«, lüge ich.

Nachdem Mutter mir eine Kelle kaltes Wasser über den Kopf gegossen hat, bin ich bereit.

Jetzt seift Mutter sich die eigenen Haare ein.

Ich schaue zu, wie ihre hübsche Figur von einem dünnen Seifenschleier umspült wird.

Das ist meine allerletzte Chance.

»Du, hör mal«, sage ich mutig.

Mein Herz hämmert gegen die Rippen, dass es wehtut.

»Kannst du mir mal den Rücken waschen?«, fragt Mutter.

Ich rubbele mit dem eingeseiften Schwamm über ihre weiße Haut und schlucke meine Enttäuschung hinunter.

»Tut das gut«, sagt Mutter. »Ach, ist das schön, in der Sauna zu sein.«

Wir trocknen uns vor der Sauna ab und trinken noch ein Glas schimmelig schmeckenden Erdbeersaft.

Mutter kämmt sich die Haare.

Sie sind dunkel und kurz. Und dauergewellt.

»Na dann«, sagt sie zufrieden und immer noch abwesend, »hängen wir mal die nassen Handtücher auf die Wäscheleine.«

»Also, das war meine Schuld«, sage ich schnell und starre die unbehandelten Holzbretter der Wand an.

»Was?«, fragt Mutter, und ich sehe, wie weit entfernt sie ist, richtig weit weg.

»Das Feuer«, sage ich.

Endlich kommt sie zurück und sieht mir in die Augen, zum ersten Mal an diesem Abend.

»Wer behauptet denn so was?«

Sie streift ein paar lose Haare von den Zinken und legt den Kamm auf die zusammengefaltete Unterwäsche.

»Großmutter etwa?«, bohrt Mutter nach.

Und

eine Kluft reißt in ihr auf, und auf der anderen Seite bleibt Großmutter allein zurück.

Nie wäre sie auf die Idee gekommen, Großmutter könnte etwas falsch machen.

Oder dass die Erwachsenen Großmutter anders sehen könnten als sie. Oder ihre Eltern und Tante Ulla anders sehen könnten.

Nur ihre eigenen Taten sind falsch oder fragwürdig, weil sie schließlich noch ein Kind ist.

Und für ein paar Sekunden spürt sie die Versuchung nachzugeben und zu behaupten, Großmutter hätte sie die ganze

Woche lang bestraft, mit Schweigen, mit Tränen und mit ihren schrecklichen, belehrenden Geschichten.

Mutter wartet, und sie überlegt.

Doch die Aussicht auf eine weitere schwere Schuld lässt sie unsicher die Wahrheit sagen:

»Nein, nicht Großmutter.«

Mutters dunkler Blick brennt,

und

ach, wie klein und hässlich sie ist.

Und vollkommen nackt, so fühlt sie sich.

»Wer dann?«

»Ich selbst«, beuge ich mich und hebe die Schuld zurück auf meine Schultern.

Mutter lacht erleichtert auf, schlüpft in ihre frische rosa Unterhose und legt ihren BH um, der ebenfalls frisch und rosa ist.

Die Haken greifen ruhig und zielstrebig in die Ösen,

die Brüste gleiten willig in die Schalen, und

sie beneidet ihre Mutter um diese leicht abwesende Zufriedenheit und das entspannte Frausein, von dem sie, wie sie bereits weiß, ihr Leben lang ausgeschlossen sein wird.

»Warum sollte das denn deine Schuld sein?«, fragt Mutter sanft und knöpft schon ihren Rock zu.

»Weil ich es mir gewünscht habe«, gestehe ich und ahne, dass alles schiefgehen wird.

»Was genau hast du dir gewünscht?«

»Dass es brennt«, sage ich kraftlos und höre Großmutters energische Schritte über uns, und da gibt sie auf: Sie schiebt ihre schmutzige Kleidung zu einem Haufen zusammen, klemmt ihn sich unter den Arm und will los. Doch endlich sieht Mutter sie, nimmt sie in die Arme und zieht sie fest an sich.

So stehen sie da, auf dem Gitterboden vor der Sauna, Mutters Atem pustet in ihre nassen Haare, Mutters Herz pocht an ihre Stirn.

Und obwohl ihre Mutter ihr heute zum ersten Mal fremd ist, beschließt sie, diese Umarmung nie zu lösen.

Und sie hat es auch nie getan.

Farben im Traum

Der schmale Weg ist eine silbern gewundene Schnur, die zu einem alten Holzhaus führt, das niemand bewohnt.

Es ist Mitternacht. Sie geht auf diesem Weg zu dem mondbeschienenen Haus.

Blauer Flieder steht in voller Blüte, das Haus geht in der üppigen Fülle fast unter.

Im Garten blühen auch wilde Veilchen.

Selbst aus den Wänden des Hauses, den Ritzen zwischen den Holzbalken, wachsen Veilchen.

Sie tritt ein, die Tür knarrt.

Es ist niemand zu sehen.

An den Fenstern flattern weiße Vorhänge.

Auf einem Tisch steht eine leere weiße Schale, deren Außenseite von drohenden dunklen Veilchen umrankt ist.

Auch aus der Tülle der Teekanne quellen Veilchen.

Die Nacht hallt vor Leere, und sie ist ganz allein in diesem monderhellten Haus. Als sie sich umdreht, ist die Tür von blauen Veilchen zugewachsen.

Da wacht sie auf.

Die Erwachsenen haben sie zum Mittagsschlaf unter eine graue Soldatenwolldecke mit blauen Streifen gesteckt.

Im Aquarium, in das sie zum Einschlafen schauen sollte, ist das Licht aus. Die Fische verharren im grünblauen Nichts leise schaukelnd an ihrem Platz.

Das leere blaue Haus hat sie in seinen Bann gezogen: Noch nie hat sie ein so intensives Blau gesehen wie in der weiten Todeslandschaft ihres Traums.

Und noch nie hat sie eine so umfassende Verlassenheit erlebt wie in dem verzaubernden, einsamen Blau des Hauses.

Sie ist erst vier Jahre alt, und sie müsste das mit Mutter besprechen.

Aber Mutter sitzt mit anderen Frauen an einem Tisch.

Sie sind hier zu Besuch, Mutter und sie, und am Tisch wird ausgelassen gekichert, gesungen, beinahe kurz gestritten und mit dicken Rauchkringeln gepafft.

Sie kämpft gegen den Schlaf. Sie hat Angst, wieder in dieses Haus zu geraten.

Doch als die jungen Frauenstimmen drinnen am Tisch und das Poltern der letzten Straßenbahn draußen ineinanderfließen, träumt sie schon wieder.

Dieses Mal geht sie an Vaters Hand eine Kopfsteinpflasterstraße entlang.

Es ist Nacht, und wieder scheint der Mond grell.

Die letzte Straßenbahn fährt an ihnen vorbei, obwohl Vater mit der Faust an die Wagen hämmert, deren graue Farbe an Gewitterwolken erinnert.

Ihnen bleibt nichts anderes übrig, als zu Fuß zu gehen.

Ihnen bleibt nichts anderes übrig, als sich zu verlaufen.

Die Kopfsteinpflasterstraße endet an einem Wald.

Es ist düster und diesig, die blanken Baumstämme glänzen im eisigen Mondlicht.

Tief im Wald liegt ein schwarzer See, durch dessen dünne Eisschicht ein Frauengesicht schimmert.

Die Augen offen, der Kopf wie abgeschnitten.

Aber er lebt, und aus der Stirn quellen riesige dunkelblaue Veilchen.

Dreißig Jahre lang erinnert sie sich nicht an diesen Traum, doch dann taucht er plötzlich wieder auf. Nicht nachts, sondern als quälendes Bild vor dem Einschlafen. Mehrere Monate quält es sie.

Zu dieser Zeit ist sie gerade verlassen worden, und Vergangenes und Zukünftiges umgeben sie wie eine trostlose Steppenlandschaft.

Immer wieder hat sie blaue Träume, die sie die strikte Einsamkeit von Blau bewusst suchen lassen.

Doch der satte, tiefe Farbton ihrer Träume lässt sich tagsüber lediglich in blassen Fragmenten wiederfinden: ein heiterer Sommerhimmel, eine Wiese voller Ehrenpreis, eine fransige Kornblume in einem Graben, die blau gestrichenen Fensterrahmen eines verlassenen Häuschens auf der Halbinsel Porkkala, die zwischenzeitlich an Russland verpachtet war.

Fast dreißig Jahre kleidet sie sich ausschließlich blau: Jeans, Matrosenhemden, Kapitänsjacken, petrolblaue Blusen und azurblaue Tücher.

In Bangladesch kauft sie das königsblaue Halstuch eines Rikschafahrers, nur um in Finnland festzustellen, dass der Stoff bloß in den zehrenden Strahlen der südlichen Sonne leuchten kann. Auch das tiefe Blau der Hemdbluse aus Mexiko und der Weste aus Griechenland wird vom fahlen finnischen Winter gedimmt.

Rot ist für sie keine Farbe der Träume.

Es ist die Farbe des Betrugs; das lernt sie schon früh.

Wenn Mutter und Tante Ulla sich die Lippen rot anmalen, sind sie von etwas Heimlichem getrieben, und die Versprechen, die aus den rotbemalten Mündern kommen, glaubt man besser nicht.

Wenn Großmutter die roten Pfingstrosen im Spätsommer mit Blumenerde versorgt, kommt der Herbst, auch wenn sie den Blumen und sich selbst etwas anderes einreden möchte.

Und als Großmutter im Krankenhaus liegt und es keine Hoffnung mehr gibt, bringen die Eltern ihr eine rote Amaryllis mit. Die ganze Besuchsstunde wird über nichts anderes als diese Amaryllis geredet, dass Großmutter sie mit nach Hause nehmen, in Mellunkylä ins Blumenbeet setzen und die Pflanze dort jeden Sommer neue Blüten bekommen wird.

Und als sie sich zum ersten Mal mit einer Frau liebt, geschieht das in einem grün gestrichenen Zimmer im künstlichen Siebziger-Jahre-Licht einer orangenen Deckenlampe, und diese Liebe wird schon bald Risse bekommen. Denn die eigentliche Farbe dieses Zimmers ist Rot.

Einen roten Traum hat sie nur ein Mal.

Wieder ist sie in einem Haus, wieder ist niemand da.

Aber das Haus ist bewohnt, und eigentlich hat sie kein Recht, dort zu sein.

Trotzdem ist sie hineingegangen, warum, weiß sie selbst im Traum nicht.

Sie spaziert durch die Zimmer, öffnet fremde Schubladen, liest Briefe, die nicht an sie adressiert sind, setzt sich auf einen

Stuhl, der noch warm ist vom Gesäß eines anderen Menschen, betrachtet, befühlt und streichelt Gegenstände, die nicht ihr gehören.

Neben der Tür steht ein Fernsehgerät, auf dem eine rote Porzellanhand thront. Darüber befindet sich ein Fenster, dessen Verdunkelungsrollo hochgezogen ist.

Als sie über einen fremden Schuh stolpert, wird ihr klar, dass von irgendwoher jemand kommt.

Sie will abhauen, aber ihre Bewegungen sind plötzlich langsam, unkoordiniert, wie verklebt.

Als sie schon fast an der Tür steht, streckt sich die rote Porzellanhand und zieht das Verdunkelungsrollo runter.

Braune Träume wiederum mag sie.

In einem ihrer braunen Träume steht sie draußen vor dem Arbeitervereinshaus.

Wieder ist es Nacht, der Mond scheint.

Um das Haus schleichen Männer mit schwarzen Hüten, schwarzen Mänteln und ausdruckslosen Gesichtern, die sich später zu ihrer freudigen Überraschung auf Bildern von Magritte wiederfinden lassen.

Einer der Männer ist Großvater.

Auch er trägt einen Mantel und einen Hut in Schwarz, und er trinkt aus einer leuchtendblauen Schnapsflasche.

Aber unter dem schwarzen Mantel trägt er seine braune Cordhose, an die sie ihre Wange schmiegen darf.

Die Hose riecht nach Teer, gammeligen Algen und Meer.

Braun ist die Farbe von selbst gebrautem Bier, Rost, Schleppkähnen und einem eintönigen, sicheren Alltag.

Sie mag Rost.

Rost macht das strenge Kreuz im Kirchgarten sanfter und lässt die Tür behaglich knarren.

Raue Rostflecke auf einem Furcht einflößenden Messer mildern seine selbstgewisse Schärfe.

Das Braun von Rost kündet von Vergangenem und Zukünftigem zugleich.

Braunes Schilf lebt nicht mehr, ist aber auch noch nicht tot.

Braun ist die tröstliche Farbe des allmählichen Vergehens und Sterbens.

Auch in ihrem grauen Traum kommt ein Haus vor.

Es ist ein perlgraues, zweistöckiges Holzgebäude, umstanden von raureifglitzernden Birken.

Es ist ein nasser, bewölkter Tag. Und in diesem Traum ist sie erwachsen.

Mit einem dunkelgrauen, feuchtgeregneten Umhang betritt sie das Haus.

Doch schon auf der Türschwelle bleibt sie stehen, denn auf dem Fensterbrett hocken zwei graue Porzellanpudel.

Ihr Schnurrbart ist taunass; ja, sie hat in diesem Kindheitstraum tatsächlich einen sanft ergrauenden Bart!

Sie wird dieses Haus nie betreten, denn dieser perlmuttschimmernde Traum ist ein Außen- und kein Innen-Traum, ein Gewebe aus Trauer, Licht und dem, was erst noch kommt.

Gelb ist eine ermüdende Farbe.

Gelb ist ewige Sonne, Ostern, Nachmittag, Eidotter. Ist ein Liliengewächs, das todesmutig durch den Schnee bricht, dann aber einknickt, noch ehe der Frühling richtig beginnt.

Auch einen gelben Traum hat sie nur ein Mal, und das Gelb darin ist gedämpft, sakral, fast herbstlich.

Da befindet sie sich gerade in Barcelona, ist in ihren späten Vierzigern und hat Fieber.

Sie liegt auf dem Bett des kleinen Hotelzimmers und schwebt noch zwischen Wachsein und Schlafen, als draußen auf dem Marktplatz die Kirchenglocken läuten.

Die ehernen Schläge mischen sich in ihren Halbschlaf, und plötzlich findet sie sich in Millets Gemälde *Das Angelusläuten* wieder.

Sie steht zwischen den zwei Feldarbeitern, dem Mann und der Frau, riecht die Krume und den Schweiß und bestaunt die Kühle und Ruhe auf diesem Stück Erde, das die untergehende Sonne gelb bescheint.

Der Mann und die Frau wechseln zwei, drei Sätze in einer Sprache, die sie nicht versteht.

Aber sie streckt die Hand behutsam zur Frau aus und spürt den groben, staubigen Stoff unter ihren Fingerkuppen, und unter ihren bloßen Füßen piksen sonnengebleichte Getreidestoppeln.

Als sie aufwacht, begleiten die starken Sinneseindrücke sie weiter, bis in den Nachmittag des nächsten Tages, an dem sie mit ihrer Reisegefährtin eine kleine Burg im katalanischen Hochland erreicht.

Das alte Gemäuer wurde zu ihrem Erstaunen viele Jahre lang von Salvador Dalí bewohnt, und zahlreiche Teller, Textilien und Kacheln, selbst die des Springbrunnens, sind mit Variationen des *Angelusläutens* verziert.

Miss Lunova

Jeden Sommer gehen wir in den Vergnügungspark Linnanmäki.

Wir alle sechs, jeden Sommer: Vater, Mutter, Großmutter, Großvater, Tante Ulla und ich. Wir gehen immer früh hin, schon am Nachmittag, denn ich will noch vor der Revue des Peacock-Theaters mit Großvater in die Geisterbahn.

Vor Geistern habe ich keine Angst, wie auch vor Dunkelheit nicht oder davor, allein zu sein.

Die Geister in der Geisterbahn erinnern an die Clowns in der Revue, sie sind ulkig und riechen nach Sägespänen, Staub und Motoröl.

Tatsächlich gibt es in der Geisterbahn nichts von dem, was mir wirklich Angst macht: Friseure, Fotografen, Bekleidungsgeschäfte und Tanten mit blau-weiß karierten Kleidern und Trillerpfeife, und wenn die Pfeife ertönt, müssen die Kinder sich sofort in eine Reihe stellen.

Und auch Federn gibt es in der Geisterbahn nicht.

Vor Federn habe ich am meisten Angst, die kriechen nachts aus dem Kissen und ragen morgens fies und piksig heraus.

Allerdings gibt es in der Geisterbahn einen Straßenbahnwaggon der Linie drei. Der Waggon kommt urplötzlich um die Ecke geschossen und fährt fast auf uns drauf.

Und

dieser Straßenbahnwaggon schleicht sich aus der Geisterbahn in ihre Träume, und so wird sie ein Leben lang Albträume von Straßenbahnen haben.

Mit Großvater gehe ich auch ins Haus der Meerjungfrauen.

Dort reinzugehen ist anscheinend irgendwie seltsam: Die anderen kichern dann immer.

Die ersten Male denke ich noch, sie kichern über mich, aber dann stelle ich irritiert fest, dass alle, mit Ausnahme von Großmutter, über Großvater kichern.

Und das Kichern hat irgendwas mit den Nächten zu tun, in denen Großvater nicht nach Hause kommt und Großmutter die ganze Nacht weint.

Aber

von Großmutters Tränen weiß niemand außer ihr, deshalb läuft sie schnell zu ihr rüber und drückt ihr die Hand. Erst dann geht sie mit Großvater zum Eingang, zwischen den plump bemalten Meerjungfrauen hindurch ins lärmige, verqualmte Haus.

Die Meerjungfrauen sitzen in Badeanzügen auf schweren Gestellen, die hinter einem kleinen Zaun aus dem Wasser ragen.

Großvater und die anderen Männer bewerfen die Meerjungfrauen mit Tennisbällen.

Wenn sie treffen, purzeln die Meerjungfrauen von den Gestellen und gehen kreischend unter.

Die Luft stinkt nach Rauch, Schweiß und Schnaps, und immer, wenn eine Meerjungfrau untergeht, brechen die Männer in wildes Gelächter aus.

Mir tun die Meerjungfrauen leid.

Ich verstehe, dass das Kreischen zum Spiel dazugehört, aber wenn die Meerjungfrauen wieder auftauchen, läuft ihnen die Wimperntusche über die Wangen, und sie können nicht einmal mehr künstlich lächeln.

Auch Großvater wirkt in diesem Haus irgendwie fremd und beängstigend.

Wenn er zielt, ist sein Unterkiefer hart und sein Blick kalt.

Und wenn er daneben wirft, flucht er leise, aber sehr ernst:

»Zum Teufel noch mal!«

Ich bin erleichtert, wenn wir wieder draußen an der frischen Luft in der Sonne stehen, und sobald ich meine Hand in Großvaters schiebe, wird er wieder normal:

»Tja, na dann.«

Das Glücksrad mag ich nicht. Da tut es mir immer so leid für die Erwachsenen, dass ich ihnen so leidtue, wenn ich nichts gewinne.

Meistens gewinne ich aber irgendwann, zumindest einen kleinen Teddy oder einen Schlüsselbund mit Plastikpfeife, denn Tante Ulla spielt grundsätzlich so lange, bis der wabbelige Zeiger auf ihre oder meine Zahl weist.

Und

schon als Fünfjährige dämmert ihr, dass Tante Ulla die einzige Erwachsene ist, die nicht ihretwegen spielt, sondern weil sie es selbst will, und später wird Tante Ulla diesen Spieldrang auch auf sie übertragen.

Erst schließen sie nur kleine Wetten ab: Ist das nächste Auto grün oder schwarz? Ist der erste Zeichentrickfilm in der Kinovorstellung *Tom und Jerry* oder *Donald Duck*? Ist die Radiostimme abends die von Carl-Erik Creutz oder die von Kaisu Puuska-Joki?

Später spielen sie um Münzbeträge Schwarzer Peter und Schwarze Maria.

Irgendwann spielen sie Poker und gehen ins Casino, die Einsätze erhöhen sich von Münzen auf Scheine.

Dank ihrer Tante hat sie über fünfzehn Jahre lang ein Lotto-Dauerlos und bekommt regelmäßig Kettenbriefe, die üppige Gewinne in Aussicht stellen.

Mit ihrer Tante platziert sie auf der Pferderennbahn Käpylä und später in der Vermo-Arena Zweierwetten.

Mit ihrer Tante steht sie an Helsinkis erstem Roulettetisch.

Und während der Croupier die Chips vom grünen Stoff aufnimmt, fragt ihre vom gemeinsamen Spielfieber und zwei Irish Coffee erhitzte Tante, die an fortgeschrittenem Bauchspeicheldrüsenkrebs leidet, ob sie an ihrer Stelle den letzten handbemalten Teller in der Hobby Hall abholen würde, der in eineinhalb Jahren rauskommen und die Vogelteller-Sammelreihe abschließen wird.

Aber selbstverständlich wird sie das tun, verspricht sie, und die Worte aus dem rotbemalten Mund ihrer schon wieder Chips auslegenden Tante wird sie für immer in ihr Herz schließen:

»Hätte ich eigentlich auch ohne zu fragen gewusst, dass in der ganzen Verwandtschaft du diejenige bist, die daran denkt, auch ohne dass wir drüber sprechen.«

Im Vergnügungspark Linnanmäki gibt es noch viele andere Dinge, die ich nicht mag, zum Beispiel Zuckerwatte.

Zuckerwatte ist rosa Mädchenkram und löst sich schnell auf.

Auch das Kettenkarussell mag ich nicht, da können die anderen Kinder sich noch so drauf stürzen. Alle mutigen Kinder, wie Vater sagt.

Mit dem Tierkarussell fahre ich notgedrungen, weil es das einzige ist, in das Großmutter sich traut. Sie setzt sich mit einem Eis auf die Karussellbank und hält mich mit der freien Hand am Fuß fest, damit ich nicht runterfalle, denn mich setzen sie neben sie auf die Giraffe oder das Pferd.

Während der Fahrt wird mir schlecht, aber das sage ich lieber nicht.

Nur die Vorstellung des Peacock-Theaters mag ich wirklich.

Da sitze ich bei einem der Erwachsenen auf dem Schoß und kann in Ruhe die Aufführung verfolgen.

Nur wegen dieser Aufführung warte ich den ganzen Sommer auf unseren Tag im Vergnügungspark.

Und

jetzt ist dieser Tag gekommen.

Sie spazieren die lange Helsinginkatu entlang und hören schon von Weitem die wilden Schreie aus der Achterbahn.

Die Straße staubt in der Augusthitze, und das kleine Mädchen, das sie mit einer blauen Haarschleife und einem blaugeblümten Kleid ausstaffiert haben, läuft umher wie ein Hütehund, der die Herde zusammenhalten muss.

Aber der jüngere und der ältere Mann gehen schon weit voraus, der ältere mit Schirmmütze und auf dem Rücken gefalteten Händen, müßig und sonntäglich, der jüngere mit lässig am kleinen Finger über der Schulter baumelnder Jacke und Zigarette im Mund, modisch und männlich.

Das Mädchen holt sie ein, schiebt ihre Hand in die des Älteren und versucht, ihn zu stoppen.

Weiter hinten gehen die Schwestern mit rotbemalten Lippen und hochhackigen Schuhen und tuscheln mit zusammengesteckten Köpfen, und hintendrein watschelt die verschwitzte alte Dame und versucht, ihrem schleppenden Gang durch den Schwung ihrer prallen schwarzen Handtasche etwas Tempo zu verleihen.

Als Erstes bleiben die Schwestern stehen und lassen das kleine Mädchen in ihre Mitte, atemlos umfasst es die rotlackierten, kühlen Frauenhände. Die drei rühren sich nicht vom Fleck, bis die alte Frau sie erreicht, stehen bleibt, ihre Handtasche öffnet, ein penibel gebügeltes, grün gestreiftes Taschentuch hervorholt und sich den Schweiß von Hals und Stirn tupft.

Großmütig löst das Mädchen die Hände aus den zwei kühlen Schlupfnestern und fädelt die Finger in die schweißige Hand der Alten, damit diese bloß nicht auf den Gedanken kommt, das Mädchen könne die eigene Großmutter und deren Lehren vergessen. Damit sie bloß nicht zu einem bösen Mädchen wird, das seine Versäumnisse am kalten Marmorstein auf dem Friedhof Malmi bereut.

Normalerweise sprechen sie schon auf der Helsinginkatu über das Peacock-Theater, doch heute reden die Erwachsenen über einen mir unbekannten Menschen namens Hitler.

Ich erschließe mir, dass dieser Hitler anscheinend tot ist, seine schrecklichen Taten aber leben.

Allein sein Name klingt schrecklich, so scharf und bedrohlich wie ein Rasiermesser, ganz anders als die Namen Lenin, Stalin und Kekkonen, die mich an sanft wogende Wellen erinnern.

Vater erzählt von einem Artikel in der *Arbeiterzeitung*, in dem erklärt wurde, was Hitlers Schergen sich für Gräueltaten ausgedacht haben, um jüdische Jungs und Mädchen zu vernichten.

Ich habe keine Ahnung, was Schergen sind, jetzt zu fragen kommt mir aber unpassend vor, weil alle anderen offensichtlich Bescheid wissen und mit entsetzten Gesichtern auf weitere Informationen warten.

Vater erzählt, dass einer der Schergen ein jüdisches Kind auf der Straße angehalten, ihm einen Brief in die Hand gedrückt und es ans andere Ende der Stadt geschickt hat, zu Herrn Soundso in der Wurstfabrik. Nichts Böses ahnend, ist das Kind durch die ganze Stadt gelaufen und hat den Brief dem Herrn Soundso übergeben. Der hat den Brief geöffnet, und darin stand: Mach Wurst aus diesem Kind, es ist jüdisch.

Und so wurde das jüdische Kind in die Wurstmaschine gestopft und an der Fleischtheke zu einem guten Preis an deutsche Bürgersfrauen verkauft.

Da tragen ihre Beine nicht mehr.

Aber niemand merkt es, weil sie trotzdem weitergeht.

Sie müsste sofort nachfragen, weiß aber nicht, was für eine Frage sie stellen soll.

Deshalb geht sie weiter, obwohl der Asphalt unter ihren Füßen wegsackt wie Watte und die Achterbahnschreie verhallen und die Sonne schwarz wird.

Dieses Kind könnte auch ich sein.

Sie weigert sich, Karussell zu fahren, selbst als Großmutter schon erwartungsvoll mit einem Eis in der Hand auf der Bank sitzt.

Auch bei der Geisterbahn und dem Glücksrad macht sie nicht mit.

Die Erwachsenen stellen sich in einer Mauer um sie herum, wollen sie überzeugen und bestechen und befühlen ihre Stirn, die kühl ist und zugleich heiß.

Mutter bindet ihr die matt und traurig runterhängende Seidenschleife neu, ahnt etwas, schaut aber ins Nichts und summt irgendeine Melodie in die trübe Nachmittagsluft.

Ich will nach Hause.

Ich will in mein Bett in der Schlafnische. Ich will ins Dunkle und mir ausdenken, wie das jüdische Kind gerettet werden kann.

So könnte es gehen: Das Kind kann schon lesen und macht den Brief auf, obwohl es das nicht soll. Es rennt nach Hause und zeigt den Brief seinem Vater, der wütend wird und den Brief zur Polizei bringt. Auch der Polizist wird wütend und lässt die Wurstfabrik schließen.

Oder so: Das Kind gibt den Brief dem Herrn Soundso, der ihn liest und sich das Kind schnappen will, doch das Kind läuft weg und entkommt. Der Herr Soundso setzt ihm nach, stolpert aber in seine Wurstmaschine und wird von den großen Zahnrädern totgequetscht.

Als das Peacock-Theater beginnt, habe ich Kopf- und Bauchweh.

Ich setze mich auf Mutters Schoß und bleibe dort, obwohl Vater sagt, ich sei schon so groß und drall, dass Mutter die Bühne nicht mehr sähe.

Ich frage Mutter flüsternd, wie lange die Vorstellung dauert, dabei hat sie noch nicht einmal angefangen.

Mutter flüstert zurück, dass ich mich ein kleines bisschen zusammennehmen soll, für uns alle.

Ich versuche es.

Aber vor meinen Augen rattert die Wurstmaschine, deren Zahnräder einen kleinen Jungen und ein kleines Mädchen zermalmen, und nur die blaue Seidenschleife des Mädchens wird der Mutter bleiben.

Doch dann betritt Miss Lunova die Bühne.

Dann betritt Miss Lunova die Bühne.

Miss Lunova sagt das Programm an.

Und dafür tritt sie im Badeanzug auf.

In der Hand hat Miss Lunova ein herzförmiges Schild mit einer Nummer.

Miss Lunova macht in ihren Stöckelschuhen ein paar Schritte über die Bühne, sieht auf die Nummer, tut erstaunt und dreht das Schild um. Auf der anderen Seite steht etwas geschrieben.

Ich kann es nicht lesen, aber mir denken, dass es der nächste Programmpunkt ist.

Miss Lunova ist die schönste Frau, die ich je gesehen habe.

Miss Lunova ist strahlend.

Miss Lunova ist besonders.

Miss Lunova ist Ausländerin.

Miss Lunova hat schwarze Haare und rote Lippen.

Miss Lunova ist Jüdin.

Jedenfalls nehme ich an, dass sie Jüdin ist, aber sicherheitshalber drehe ich mich zu Mutter um und frage nach.

»Jaja«, flüstert Mutter, »aber jetzt müssen wir still sein, sonst stören wir die Vorstellung.«

Die Vorstellung ist mir egal.
Die Zaubertricks und sogar die Clowns sind mir egal.
Ich warte nur noch auf die Auftritte von Miss Lunova.
Und

auf einmal weiß sie, was Liebe ist.
Sie liebt Miss Lunova.

Bisher war Großmutter in ihrem Leben der einzige Mensch, der das Wort Liebe benutzt hat.
Mutter und Vater reden von Mögen und Liebhaben.
Aber Großmutter hat ihr befohlen, zu lieben: Mutter und Gott und Vater und Großmutter und die Natur und Großvater und Finnland und Gehorsamkeit und die Mitmenschen.
Zu lieben war ein Gebot und eine Pflicht.
Doch das hier hat nichts von Pflicht und Erwartung.
Ihre Liebe für Miss Lunova ist heiß und verzehrend, und solange der Bühnenvorhang nicht fällt, gibt es weder Wünsche noch Ängste.
Aber

als der Vorhang sich senkt, bekommt sie Angst.
Und die Angst ist so heiß und verzehrend wie die Liebe: Sie spürt, Miss Lunova für immer zu verlieren.
Doch das will sie nicht zulassen, und sie beschließt, für ihre Liebe zu kämpfen.

Ich will, dass Miss Lunova bei uns einzieht.

Sie muss bei uns einziehen, ohne sie kann ich nicht leben.

Und sie nicht ohne mich.

Nachts schlafe ich kaum. Mein ganzer Körper tut weh, weil ich hier bin und Miss Lunova woanders.

Ich weiß, dass auch sie in dieser Nacht nicht schläft, weil ich nicht bei ihr bin.

Erst am nächsten Tag, als Vater an der Teboil-Tankstelle den BMW volltankt, wage ich, es ihm zu sagen.

Ich versuche, normal zu sprechen, höre den schrillen Ton aber selbst.

»Miss Lunova zieht bei uns ein!«

Vater startet nur den Wagen und drückt den Zigarettenanzünder.

»Lass uns noch kurz bei Irja Markkanen vorbeifahren.«

»Miss Lunova zieht bei uns ein«, sage ich, »es geht nicht anders.«

»Wir kaufen noch eine Packung Oka-Kaffee, dann kriegst du ein neues Auto-Sammelbild.«

Ich fange an zu weinen.

Vater merkt es nicht.

Aber Mutter merkt es, und irgendwann auch Vater, weil ich den ganzen Abend nicht aufhöre.

»Verflixt, was hat das Kind nur wieder«, brummt Vater.

»Miss Lunova muss bei uns einziehen«, schluchze ich, »es geht nicht anders!«

Mutter und Vater schauen sich irritiert an.

Das kann ich durch den Tränenschleier genau erkennen, und sie tun mir leid, weil sie mich nicht verstehen.

Aber noch mehr Mitleid habe ich mit Miss Lunova, weil sie Jüdin ist und ich sie nicht retten kann.

»Aber Kind, die ist doch eine erwachsene Frau«, versucht Mutter behutsam zu erklären, »die hat ihr eigenes Leben, mein Schatz.«

Und erst

in diesem Augenblick begreift sie, wie furchtbar aussichtslos alles ist.

Sie wird Miss Lunova nie kriegen.

Und Miss Lunova wird *sie* nie kriegen.

Sie muss Miss Lunova vergessen, und zu ihrem Schrecken wird ihr klar, dass genau das passieren wird.

Am schrecklichsten aber ist, dass sie ihre Eltern nie zurückbekommen wird, weil sie das alles nicht verstehen.

A. P. Tschechows träge Tage

Vater trug ein altes Hemd, und die Ärmel hatte er so weit hochgeschoben, dass dicke Stoffwülste um seinen Bizeps lagen.

Es war Anfang September und noch mal richtig heiß. Die Kautschuksohlen meiner neuen Schuhe, die ich zum Schulanfang bekommen hatte, hinterließen Abdrücke mit Zickzacklinien im aufgeweichten Asphalt.

Vater knallte einen Pappkarton auf den Boden und wischte sich mit den Stoffwülsten den Schweiß von der Stirn.

»Vielleicht ist was für euch dabei. Was ihr nicht wollt, kommt in den Keller.«

Ich machte den Karton vorsichtig auf.

Bananen waren es schon mal nicht.

Vor zwei Wochen hatte Mutter aus Irja Markkanens Laden eine Kiste Bananen mitgebracht, die für den Verkauf zu braun und weich waren.

Drei Tage lang gab es bei uns nichts als Bananen, morgens, mittags, abends, sogar zum Kaffee als Ersatz für Hefeteilchen, und ich wollte erst mal keine Bananen mehr sehen.

Doch im Karton lagen Bücher.

Ich hatte im Frühjahr lesen gelernt und holte die Bücher mit zittrigen Händen heraus.

Aber von Anni Polva, Enid Blyton oder Astrid Lindgren war kein einziger Band dabei.

Die Schriftsteller hatten Namen wie A. Tolstoi, W. Katajew, Galina Nikolajewa, M. Gorki, Beljajew, Lyssenko oder A. P. Tschechow, und die Titel der Bücher waren mindestens genauso komisch: *Es blinkt ein einsam Segel, Erzählungen von der Arbeit, Der Feuersturm, Einführung in die Vererbungslehre, Erzählungen, Ausgewählte Erzählungen, Die Dame mit dem Hündchen und andere Erzählungen.*

Enttäuscht ließ ich Vater die Bücher in den Keller tragen, und erst fünf Jahre später, als wir schon in Puotila wohnten und Mutter und ich die insgesamt achtundvierzig Bände von Lenins und Stalins *Gesammelten Werken* nachts im Müllcontainer entsorgt und jede Menge Platz im mahagonifurnierten Regal gewonnen hatten, holte ich den Karton wieder aus dem Keller.

Und obwohl A. P. Tschechows *Dame mit dem Hündchen und andere Erzählungen* inzwischen vergilbt war und ziemlich stank, weil die in der Karelischen Autonomen Sozialistischen Sowjetrepublik gedruckten Bücher immer stanken, begann ich darin zu lesen, und

zu ihrer Überraschung riecht sie durch den Schimmelmief auch frische Fliederdolden, sonnenerhitzte Johannisbeerblätter und sogar den Quendel in der Ferne, dabei weiß sie gar nicht, was Quendel ist;

sie hört das ausdauernde, klagende Bellen eines Hundes, das Sirren der Telefonkabel und einen anschwellenden heiseren Schrei, als würde irgendwo ein Drahtseil bersten;

sie sieht den schwindelerregend blauen Himmel und wie sich am Horizont eine ambossförmige dunkle Wolke zusammenbraut, spürt die sengende Sonne und die gewittrigen, launischen Windstöße auf der Haut,

denn

dieser mir unbekannte A. P. Tschechow wirft mich unerwartet zurück in das bereits vergessene, träge Leben in Großmutters Haus im ländlichen Mellunkylä nördlich der Stadt.

Zwar ist die Sprache, die um mich herum gesprochen wird, nicht Russisch, und die Nachmittagsgesellschaft trägt keine bis zum Hals geknöpfte weiße Sommerkleidung, isst weder Stör noch Weißlachs, noch trinkt sie Champagner, und Ausreiten oder Gitarrespielen tut hier auch niemand.

Aber die Trauer, die Trauer ist die gleiche wie im Buch.

Obwohl die Sitzgelegenheiten auf dem Rasen keine Korbstühle sind, sondern Wolldecken aus dem Krieg, die sie vom Dachboden holen,

obwohl statt breitkrempiger weißer Hüte Großmutters alte Tücher und ausgesonderte Schirmmützen zum Schutz gegen die Sonne verteilt werden, sofern nicht ein Rhabarberblatt genügt,

obwohl die Menschen auf den Wolldecken neben dem Rübenacker nicht über Möwen, Jahrhundernten, die Schönheit der Arbeit oder die Zukunft der Menschheit sprechen,

sind die einschläfernd brummenden Bienen und Libellen genau die gleichen.

Der gleiche gewittrige Himmel, das gleiche rastlose Rascheln ledriger Birkenblätter,

das gleiche Verdrängen des nahenden Herbstes, der Angst vor dem langen, schneereichen Winter.

Denn

noch dampft die kupferne Kaffeekanne auf dem grün gestrichenen Saunaschemel, den sie nach draußen geholt haben, und ihr Onkel drückt ein mit Spucke befeuchtetes Fliederblatt auf den roten Nasenrücken von Tante Martta, die eingedöst ist.

Tante Martta schreckt hoch, zündet sich eine Zigarette mit Spitze an und hustet.

»Was für eine elendige Hitze.«

»Mädchen, hol uns mal Saft aus dem Keller«, sagt Großmutter. »Erst den Saft in die Kanne gießen, so viel, wie ich dir gezeigt habe, und dann das Wasser aus dem Eimer dazu.«

Sie bleibt lange unten im Keller, in der feuchten, nach Erde und Zement riechenden Kühle.

Ihre sonnengeblendeten Augen wollen sich nicht ans Dunkel gewöhnen, erst nach und nach malen sich die Gegenstände in grauen, gestaltlosen Gebilden auf ihre Netzhaut: der Hackklotz und der Haufen mit duftenden Birkenscheiten, die Bügelsäge und die aus Zement gegossene Kiste, in der die Kartoffeln schon faserige lila Keime bilden.

Neben der Kartoffelkiste ruht der Berg aus Sägespänen und tief in diesem Berg der Eisblock, den die Großeltern im Winter in der Meeresbucht geschlagen haben.

Sie bohrt ihre Hand durch die Sägespäne und betastet das Eis, bis ihre Finger taub werden.

Sie legt die Wange an die Zementwand, die mit frostigem grauem Staub überzogen ist, und lässt herrliche Schauer über ihren Rücken wandern.

Und als sie mit der Saftkanne nach draußen geht, erwartet sie ein bestens bekannter Satz:

»Was hast du denn so lange gemacht – geträumt, wie?«

Die Stimmung ist anders; sie spürt es sofort und erschrickt. Die Zeit steht nicht mehr still, sondern rast wie die schwarzen Wolken, aus denen bereits erste schwere Tropfen fallen.

Schnell werden die Tassen und die Kaffeekanne, die kristallene Würfelzuckerschale und die Zuckerzange mit den spitzen Vogelfußzinken, das henkellose Sahnekännchen, die gebutterten Hefeteilchen und die Decken auf die Veranda gebracht.

Die sonntägliche Ruhe im plötzlichen Dämmerlicht ist bedroht von dem unausweichlichen Moment, in dem jemand auf die Taschenuhr schaut.

»Wo wollt ihr denn schon hin?«, fragt Großmutter in gedrücktem Ton, die Antwort weiß sie selbst.

»Wir müssen morgen wieder früh zur Arbeit.«

Denn

sie befinden sich natürlich nicht in einer ausgewählten Erzählung von A. P. Tschechow, sondern im Finnland der Fünfzigerjahre, wo die Menschen aus dem grünen Mellunkylä rausfahren zur Textilfabrik, zur Buchdruckerei, zum Friseursalon, zur Süßigkeitenfabrik Fazer, zur Firma Solifer-Caravan, auf die Asphaltstraße und zur Propagandafilmabteilung der Finnisch-Sowjetischen Gesellschaft, um das Land auf Vordermann zu bringen.

»Es kommt ein neuer Sonntag«, vertrösten meine Eltern Großmutter und mich.

Und dann entdecken sie eine Rauchschwalbe, die mit ihren Jungen im Regen Flugübungen macht.

»Jetzt schon?«

Das sagt Großmutter.

»Dann ist der Sommer bald zu Ende.«

Das sagt Großmutters Schwester Kaisa.

Großmutter und ich haben Angst vor der Abreise des Sonntagsbesuchs, weil vor uns eine lange Woche voller öder Tage liegt, und Großvater kommt immer erst abends aus der Werkstatt. Großmutter hat Angst, dass ich mich bei ihr nicht wohlfühle, und ich habe Angst, dass sie genau das befürchtet und deshalb weint.

Manchmal liegt Großmutter den ganzen Tag auf dem Bett und weint über Dinge, die nur sie selbst betreffen, »nicht dich, mein Kind«.

Dann lege ich mich zu ihr und weine mit, bis es irgendwann langweilig wird.

Dann stehe ich auf, hole mir aus der Speisekammer einen fadenziehenden Joghurt, der bei schwülem Wetter leider ebenfalls zum Weinen ist, esse ihn und warte im Garten mit Tepsi auf Großvater.

Sobald Tepsi mich sieht, wedelt er ein paarmal mit dem Schwanz, aber dann gähnt er auch schon wieder, steckt die Schnauze kleinlaut zwischen die Vorderpfoten, kneift die Augen zusammen und versinkt in trübseligem Dösen.

Und

sie lungert tatenlos im Garten herum, klettert an der Feuerleiter hoch bis zum Fenster und guckt, ob Großmutter aufgestanden oder eingeschlafen ist.

Wenn Großmutter auf dem Rücken liegt und schnarcht, klettert sie weiter bis aufs Dach.

Die Dachpappe riecht nach Teer und brennt an den Füßen, aber von hier oben hat sie einen weiten Blick.

Sie sieht die schilfgesäumte Meeresbucht und das umgedrehte Boot, mit dem die Großeltern schöne Ausflüge nach Hagalund und Mustikkamaa machten, früher, bevor die Bucht zu flach und Großmutter dick und depressiv wurde und sie zur Welt kam.

Sie sieht die Reste des Pickatilli, die laute Autostraße und das alte Haus der Vainios, in dem eine Frau mit der Axt ermordet wurde.

Sie sieht die Apotheke, das Geschäft von Bomans und beinahe auch den Elanto-Laden, wo das Brot gut und das Fleisch schlecht ist, wie alle wissen.

Und sie sieht das sonnenversengte Feld, eine einsam ihren Schwanz schwenkende Kuh und einen ausgebüxten Hund, der munter am Grabenrand schnuppert.

Großmutter und ich sitzen oft am Tisch und schauen raus zur Straße, immer zur Straße.

Wir warten auf etwas.

Jeden zweiten Samstag ist das Warten besonders schlimm.

Dann kriegt Großvater seinen Lohn.

Als ich noch kleiner bin, sagt Großmutter mehrmals am Tag:

»Ob er wohl überhaupt irgendwann wiederkommt.«

Als ich größer bin, sage auch ich:

»Ob er wohl überhaupt wiederkommt irgendwann.«

Dann sagt Großmutter:

»Das muss dich nicht kümmern, mein Kind.«

Großvater müsste eigentlich gegen eins an der Weißdornhecke auftauchen, denn um zwölf ertönt in der Werkstatt das Signal für den Dienstschluss.

Wenn er um zwei oder drei oder vier auftaucht, lässt Großmutter das durchgehen und zeigt sich nicht böse.

Wenn er aber um fünf oder sechs kommt und schon reichlich wankt, macht Großmutter ein böses Gesicht und sagt ganz ruhig zu mir: »Geh ihm mal mit Tepsi entgegen, damit er sicher hier ankommt.«

Also laufen Tepsi und ich Großvater entgegen.

Später, als ich noch größer bin, stehe ich auf Großmutters Seite und versuche meinerseits, ein böses Gesicht zu machen, doch schert Großvater sich um so was nicht, sondern holt für Tepsi einen Wurstzipfel und für mich eine Tüte mit Likörkonfekt aus der Tasche – die Mitbringsel liegen gleich neben seiner Thermoskanne –, zieht mir mit Daumen und Zeigefinger die Nase lang und lacht: »Na, Mädelchen?«

Er wankt hinter Tepsi und mir ins Haus, gibt Großmutter den Beutel mit dem Lohn und schaut zu, wie sie ihn wortlos in der Kommode verstaut.

Danach setzt er sich an den Tisch, holt die Schnapsflasche aus seiner Tasche und stellt sie ans Tischbein.

»Sag ihr, sie soll mir ein Glas aus dem Schrank bringen«, sagt Großvater zu mir.

»Du sollst ihm ein Glas aus dem Schrank bringen«, sage ich zu Großmutter.

»Sag ihm, das kann er sich selber holen«, sagt Großmutter zu mir.

An manchen Samstagen kommt Großvater erst nach Mitternacht, schlimmstenfalls Sonntagnachmittag.

In diesen Fällen schlafe ich auf Großvaters Seite des Betts, denn da hat er nichts mehr zu suchen.

Die Radiosendung mit den Wunschliedern der Zuhörer ist längst vorbei, und Großmutter hat schon mindestens zehnmal gesagt, dass ich schlafen soll.

Draußen senkt sich die Dämmerung in die Fichten am Ende des Grundstücks.

Großmutter steht auf und isst zwei Zuckerwürfel mit Kampfertropfen, und ich starre auf die braunen Flecken an der Decke, die von einem Wasserschaden stammen, der ewig her ist.

Und während sie auf die Wasserflecken starrt, versucht sie, einen erschreckenden, aber wichtigen Gedanken zu fassen.

Großmutter und Großvater sind bei allen beliebt, aber spannende Geschichten werden immer nur über Großvater erzählt.
Meistens handeln sie von seiner Jugend, als er Ringer im Fliegengewicht war und toll aussah und sich schick anzog.
Er trug einen gutsitzenden Anzug mit weißem Hemd, Schlips und glänzende Lederschuhe und ging zum Tanzen ins Kappeli auf die Esplanade oder in schummrige Salons, und immer hatte es was mit verbotenem Schnaps und hübschen, leicht bekleideten Frauen zu tun.
Auch in der Geschichte, in der es Vater schon gab, kommt eine Frau vor. Großmutter hat Großvater mit dem Kinderwagen nach draußen geschickt, um zu Hause in der Pengerkatu in Ruhe das Essen kochen zu können.
Die Frau kommt Großvater zufällig auf der Porthaninkatu entgegen, worauf er galant den Hut hebt und rasch den Kinderwagen in einen Hauseingang stellt.
Dann wird in der Geschichte etwas ausgelassen, ein paar Stunden oder so, und sie geht damit weiter, dass Großvater wieder an den Kinderwagen denkt, ihn holen geht, mit dem schlafenden Baby zurück nach Hause kommt und sich an den Tisch setzt.
Diese Geschichte wird oft erzählt, und jedes Mal wird Großvater rot, gleichzeitig grinst er aber auch zufrieden, und Groß-

mutter sieht weg und verlässt das Zimmer, um irgendwas zu erledigen, aber wirklich auf sie achten tut niemand.

Die Erkenntnis, für die sie in diesen Nächten mit dem Blick auf die Wasserflecken noch zu jung ist, hat sie erst als Erwachsene: Großvater ist in den Augen der anderen immer noch ein Mann, aber Großmutter keine Frau mehr.

Und endlich kommt er.
Tepsi bellt fragend, rennt an die Küchentür und kratzt am Holz.
Aufgeregt, fast ängstlich wetzt er umher und schlägt schließlich mit der Tatze an die Schlafkammertür.
Aber die Tür bleibt zu, das hat Großmutter so entschieden.
Großvater stolpert hörbar über die Küchenschwelle und brummt: »Verdammich! Dummes Ding ...«
Damit meint er die Schwelle und nicht Tepsi, mit Tepsi redet er ausführlich und gibt ihm seinen Wurstzipfel, und für mich legt er eine knisternde Likörkonfekttüte auf den Tisch.
Das Geräusch kann ich durch die Tür deutlich hören, aber ich traue mich nicht, über Großmutter zu klettern und mir Großvaters Mitbringsel zu holen.
»Der ist wohl blau«, flüstere ich.
»Soll er doch«, flüstert Großmutter. »Mal schauen, was er so treibt.«
Großvater sucht in der Speisekammer nach etwas zu essen, stolpert und stößt einen Stuhl um.
Tepsi bellt heiser.
Großmutter wischt sich über die Augen, worauf ich schon Angst kriege, aber dann merke ich, dass sie lacht, ihre Bettdecke wackelt sogar.

Und da lache auch ich, bis Großvaters Bettdecke wackelt und mir die Tränen kommen.

»Der ist aber auch einer.« Großmutter seufzt. »Komm, mal sehen, was ihm als Nächstes einfällt.«

Ihm fällt ein zu essen, wir hören ihn schmatzen, und danach will er rausgehen, stolpert aber erneut über die Türschwelle.

Und noch einmal sagt er:

»Verdammich!«

Das südwestfinnische Koski ist der Ort auf dieser Welt, wo die Leute statt verdammt immer verdammich sagen.

Außerdem sagen sie: Tut sich wohl für was Bessres halten.

Oder: Mit 'nem Hut aufm Kopf hat man den noch nie gesehen, nichts kriegt er hin.

Oder: Was soll aus dem nur werden. Nichts, nichts und noch mal nichts.

Oder: Was der ein Haus nennt, nenn ich Bude, und die versauf ich an einem Abend!

Dort ist Großvater aufgewachsen, wie auch die meisten anderen, die sonntags hinter der Weißdornhecke auftauchen und zu Besuch kommen.

Großvater hat zweierlei Verwandte: die Toten und die Besucher.

Und auch bei den Toten gibt es zwei Sorten: die mit Schwarz-Weiß-Foto und die, von denen es nur Geschichten gibt.

Sie findet, dass die mit den Geschichten ihr näher sind als die mit den Fotos; auf denen tragen sie immer nur langweilige Sonntagskleidung, sitzen steif im Studio und starren aus einer längst vergangenen Zeit ausdruckslos zu ihr herüber.

Großvaters Mutter war unbegreiflich dünn und faltig, und sogar als Fünfjährige erkennt sie, dass die runzelige Frau den plissierten Faltenrock und die komische karierte Bluse mit den weißen Manschetten zum ersten Mal trägt, extra für das Foto.

Und auch die Geschichten, die Großvater über sie erzählt, bringen ihr die Urgroßmutter nicht näher. Egal worum es darin geht, nie verliert sie ihren harten, strengen Blick. Erst vierzig Jahre später haucht ein merkwürdiger Zufall dieser Frau neues Leben durch die Nasenlöcher ein.

Von Großvaters Vater gibt es kein einziges Foto, dazu ist er zu früh gestorben, nämlich bevor seine Kinder genug Geld hatten, um sich einen Fotografen leisten zu können.

Daher sitzt ihr Urgroßvater in ihrer Vorstellung stark und wuchtig am Tisch seines Holzhauses und befördert mit der Spitze seines scharfen Messers aufgepickte Brot- und Fleischstücke in seinen Mund.

Um ihn herum schwirren zehn Kinder, von denen sechs aufgrund von Krankheit und Hunger nie die Volljährigkeit erreichen werden. Die Kinder hat Urgroßvater immer wie Fliegen verscheucht, und wenn mal was zu essen übrig war, warf er es ihnen hin und sah belustigt zu, wie sie sich darum balgten.

Seinen jüngsten Sohn Nestor, ihren Großvater, konnte er nicht ausstehen, weil Nestor gewitzt war und obendrein noch schlagfertig. Dass Schlagfertigkeit auch etwas Schlechtes sein konnte, überraschte sie.

Die Krönung war, als Urgroßvater mit der Birkenrute hinter Nestor herrannte und Nestor über einen Stachelbeerstrauch hüpfte, über den Urgroßvater es nicht drüberschaffte, und rumms, landete er kopfüber im Busch.

Wie das Schicksal es will, steht sie vierzig Jahre später genau an dieser Stelle.

Das alte Holzhaus gibt es da längst nicht mehr, nicht einmal Fensterscheiben, rostige Nägel oder einen Feldstein aus dem Fundament.

Wo das windschiefe Mietshaus stand, eine bescheidene Hütte, frösteln jetzt kahle Weidenröschen vom Vorjahr, die blass in die Märzluft ragen.

Bis an diesen Ort hat sie reisen müssen, um zu begreifen, dass hier nie ein Stachelbeerstrauch gestanden hat.

Und obwohl sie das nun weiß, wird nichts sie davon abbringen, ihren Großvater wild und frech über einen stacheligen Busch springen zu sehen.

Nach dieser Geschichte kündigte Urgroßvater an, seinen Sohn Nestor mit der Axt zu erschlagen, sollte er ihm je wieder unter die Augen kommen.

Großvater machte sich nichts aus dieser Drohung, aber dafür seine dürre Mutter, die ihn darauf heimlich bei ihrer Schwiegermutter in Sicherheit brachte.

Nestor hatte es bei seiner Großmutter zwar nett, aber es war kalt, und zu essen gab es auch nicht viel. Seine Großmutter wiederum hätte gern mit ihrem Enkel geplaudert, wenn ihr nur ein Thema eingefallen wäre.

In dem kleinen Wohnraum blühten Frostblumen zu beiden Seiten des einzigen Fensters, durch das Nestor und seine Großmutter zu beobachten versuchten, wie die Menschen, die einen eigenen Hof besaßen, im Pferdeschlitten zum Weihnachtsgottesdienst fuhren.

Nestors Großmutter konnte ihren Enkel auf Dauer nicht ernähren, und da sich auch sonst niemand um ihn kümmern wollte, wurde er im Alter von sieben Jahren als Kinderknecht an einen Großbauern verkauft.

In den nächsten fünf Jahren konnte Großvater sich einen Eindruck von etlichen Höfen verschaffen, guten wie schlechten.

Bei guten Leuten aßen alle zusammen das gleiche Essen vom gleichen Tisch. Bei schlechten Leuten taten die Herrschaften nur so, als würden sie sich gemeinsam mit den Knechten und Mägden satt essen, zogen sich aber während der Mittagsruhe für eine zweite Mahlzeit zurück und genossen heimlich das, was eigentlich allen zugestanden hätte: Butter, Brei und Fleisch.

Dennoch war das Leben rund um Koski für Großvater nicht nur verdrießlich.

In einem Haus erwiesen die Kinder sich sogar als Verwandte, sie waren Großvaters Cousins oder vielleicht auch Schwippcousins.

Es waren sieben Brüder, und weil es keine Eltern und auch sonst niemanden gab, der sie herumkommandierte, konnten sie mit Großvater angeln oder in den Wald gehen, wann immer sie Lust dazu hatten.

Die Brüder nahmen Großvater auch mit in die Wanderschule, doch da die Jungs wenig Lust auf Unterricht und kluge Bücher hatten, ließ der entnervte Lehrer sie nachsitzen und sperrte die Tür ab.

Aber die Jungs wussten sich zu helfen und schleuderten ihre Proviantbeutel durch die Luft, und peng, war's das mit den Fenstern.

Mit zwölf ging Großvater nach Helsinki und trat bei seinem Bruder Viktor in den Dienst.

Viktor war groß und gut aussehend und trug einen Schnurrbart, aber er war auch gierig und in wenigen Jahren zu zwei Pferden, sechs Kindern und einer Kutsche samt Fahrerlaubnis gekommen.

So konnte Großvater als Kutscher durch die Stadt fahren, musste sich dabei jedoch vor der Polizei und strengen Zylinderherren in Acht nehmen, denn erlaubt war das erst ab fünfzehn.

Ein paar Jahre später hatte Großvater auf dem Kutschbock die eine oder andere Münze für sich beiseitegelegt und war bereit, seine Füße unter den eigenen Tisch zu stellen.

Doch in genau dieser Zeit starb Viktor, weshalb Großvater von einem Tag auf den anderen die Verantwortung für dessen sechs Kinder übernehmen musste.

Als ich dann da war, hatten diese sechs Kinder sich längst zu großen, lauten Erwachsenen entwickelt.

Am liebsten mochte ich Tante Maiju.

Ihre Stimme hörte man schon von Weitem, und irgendwann tauchte hinter der Weißdornhecke auch ihr schwarzes Hütchen auf, dessen abstehende Schleifen an muntere Eichhörnchenohren erinnerten.

Maiju war dick und fröhlich und sagte alles, was sie zu sagen hatte, mit Nachdruck. Von mir bekam sie aufgrund ihrer Zerstreutheit aber kaum etwas mit.

Sie war dermaßen zerstreut, dass sie bei einem Besuch in der Nationaloper – mit Freikarten, die Onkel Yrjö für uns organisiert hatte – noch ihre Hausschuhe trug.

Onkel Yrjö gehörte streng genommen nicht zur Verwandtschaft, auch beliebt war er nicht, wurde aber trotz aller Skepsis respektiert.

Er trug stets eine Fliege und sah sofort weg, wenn er neben mir stand, weil er nicht wusste, wie er mit Kindern reden sollte, wofür er mir leidtat; er summte dann immer irgendeine Melodie, aber nie Schlager oder russische Kampflieder.

Onkel Yrjö arbeitete als Wachtmeister in der Oper und hörte sonntags, wenn er tagsüber frei hatte, bei zugezogenen Vorhängen in seiner kleinen Hochhauswohnung berühmte Ballett- und Opernstücke auf seinem knisternden Plattenspieler, während draußen die Sonne schien und normale Leute wie Tante Essu und ihr Mann Svenkka Ski fuhren oder sich um die Erziehung des Hundes kümmerten.

Onkel Yrjö war zweimal mit Vaters Cousine Sirkka verheiratet, und beide Male ließ er sich von ihr scheiden.

Tante Sirkka ist Friseurin und hat Onkel Yrjö jahrelang die schwarzgelockten Haare geschnitten und uns immer wieder von seinem tollen Aussehen erzählt, bis sie irgendwann plötzlich mit ihm verheiratet war.

Groß, gut aussehend und gebildet sei er, hieß es, und als er dann zum ersten Mal bei Großmutter und Großvater aufkreuzte und ihnen in glänzenden Lackschuhen einen großen Blumenstrauß überreichte, konnte das niemand bestreiten.

Genauso wie niemand bestritt, was Tante Sirkka nach der ersten Scheidung sagte: dass Yrjö der gefühlloseste und mieseste Mensch sei, der sich je auf ihrem Friseurstuhl niedergelassen hatte.

Tante Sirkka hatte glupschige Augen und einen großen Kropf, der sie so rastlos machte, dass sie an einem Abend zu drei Verabredungen ging, jedenfalls in den Zeiten, in denen sie nicht mit Onkel Yrjö verheiratet war.

Mitte der Fünfzigerjahre, als Tante Sirkka zum zweiten Mal mit Onkel Yrjö verheiratet ist, taucht sie zweimal pro Woche bei uns in der Fleminginkatu auf, immer dienstags und donnerstags.

Mutter wundert sich über die häufigen Besuche, setzt Tante Sirkka aber trotzdem jedes Mal einen anständigen Kaffee vor.

Tante Sirkka trinkt ihn rasch im Stehen und fängt ein Brettspiel mit mir an, das sie jedoch wenig später abbricht, weil sie da schon wieder auf die Uhr schaut:

»Du liebe Güte, ich muss schnell los, damit ...«

Und ohne den Satz zu Ende zu bringen, zieht sie Schuhe und Mantel an und ist bereits zur Tür hinaus. Doch kaum ist die Tür zu, klingelt es wieder, und Mutter reicht ihr die vergessenen Handschuhe raus, aber dann ist Schluss, und die Tür bleibt zu.

Und

fast den ganzen Winter dauert es, bis Tante Sirkka ihre Tasche aufmacht, die sie jedes Mal dabei hat, und Mutter zeigt, was darin liegt.

Ballettschuhe.

Und noch einen weiteren Winter braucht Onkel Yrjö, bis er herausfindet, dass seine Frau dienstags und donnerstags nicht wie vereinbart zum Ballett geht, das er in der Oper immer so bewundert.

Und damit kommt die zweite Scheidung.

Vater und Großmutter und ich und Mutter finden es gut, dass Onkel Yrjö nicht mehr zur Verwandtschaft zählt.

Zwar ist er ein gut aussehender, gebildeter Mann, aber wie ein normaler Mensch benehmen kann er sich nicht.

Das wiederum können die sechs Ziehkinder von Großvater, ob nun beim Kaffee oder nach der Sauna und ein paar Schnäpsen auf dem Rasen:

»Verdammich, ein richtig gutes Haus hab ich gebaut.«
»Wie bitte, was?«
»Na, ich hab mir ein Haus gebaut, verdammich!«
»Ach, diese kleine Bude, die sauf ich dir in einer Nacht unterm Hintern weg.«

Wenn die Ziehkinder da sind, wirkt Großvater scheu und fast zerbrechlich.

Er tut ihr richtig leid, weil die Gäste anscheinend nicht wissen, wer im Haus der Vater ist und das Sagen hat.

Die Ziehkinder heben Großvater hoch, legen die Arme um ihn und ersticken den Fliegengewichtsringer mit ihren Umarmungen.

Sie saufen Großvater unter den Tisch, und wenn er irgendwann auf dem Rasen einnickt, weil die zu heiß geheizte Sauna und das Männlichsein ihn ausgelaugt haben, wuchtet Tante Maiju ihn sich auf den Rücken und trägt ihn zum Schlafen in sein Bett.

Für seine Schwestern, meine Großtanten Hilma und Helmi, ist Großvater dagegen ein richtig männlicher Mann, und das, obwohl er ihr kleiner Bruder ist.

Tante Hilma und Tante Helmi kommen meist gemeinsam hinter der Weißdornhecke hervor, weil sie seit dem Tod ihrer Ehemänner zusammen in einer Einzimmerwohnung in der Ensi linja leben.

Sie gehen langsam, weil Tante Hilma mit einem Bein humpelt.

Außerdem hat sie eine Narbe auf der Wange, denn einer der verstorbenen älteren Brüder hat ihr, als sie unter den nicht vorhandenen Stachelbeerbusch gekrabbelt war, einen Stein ins Gesicht geschleudert.

Tante Helmi trägt in jeder Hand eine Tasche, links die von Tante Hilma.

Bei Tante Hilma setze ich mich auf den Schoß, denn Tante Hilma mag mich sehr, weil sie nämlich, seit ihr Sohn Reino geschieden ist – dessen Spitzname Groß-Reiska lautet, weil Vater ja schon Klein-Reiska heißt –, ihre zwei bei der Mutter gebliebenen Enkelsöhne kaum noch sieht und deshalb viel Platz im Herzen für ihre dunkelhaarige Nichte hat.

Obwohl Großmutter mich davon abzubringen versucht, nehme ich Tante Hilma mit nach draußen in mein Spielhaus, wo sie sich wegen ihres kaputten Beins nicht auf den Schemel setzen kann und deshalb draußen an der Tür stehen bleibt.

Von dort lobt sie ihren Bruder Nestor, meinen Großvater, der so geschickte Hände hat, dass er ein winziges Haus bauen kann, für einen kleinen und eigentlich ja nicht so wichtigen Menschen wie mich.

Tante Helmi macht sich nicht so viel aus Kindern, schon gar nicht aus Einzelkindern, die dunkelhaarig sind.

Außerdem hat sie selbst zwei Enkelkinder und bekommt später noch mal drei dazu.

Zu diesen Enkelkindern, die ihre Schwippcousins und Schwippcousinen sind, fährt sie manchmal mit, auch Großmutter ist dabei. Die Kinder wohnen im Westen der Stadt in Ruoholahti, ihr Vater muss immerzu arbeiten, und ihre Mutter ist verreist.

Die Kinder sind blass und viel kleiner als sie selbst und so eingesabbert, dass sie sich am liebsten gleich in die Ecke am Herd verzieht. Neben ihr lehnen Großmutter, Tante Hilma und Tante Helmi, trinken im Stehen Kaffee und wischen sich nacheinander mit einem schmutzigen Geschirrtuch die Augen trocken.

In ihren leisen Gesprächen taucht verlässlich das Wort Hämeenlinna auf, und der gedrückte Flüsterton verrät ihr, dass es in diesem Zusammenhang nicht um den Heimatort von Großmutter geht, sondern um etwas anderes, vielleicht ein Gefängnis für Frauen.

Die Reise von der Mutter der sabbernden Kindern dauert über ein halbes Jahr, und sie begreift, dass sie nicht einmal Großmutter auf den Grund dieser Reise ansprechen darf, auch nicht unter vier Augen.

Wenn die Pollaris hinter der Weißdornhecke auftauchen, hat sie Angst, enttarnt zu werden, weshalb sie die Hände in die Taschen schiebt und scheinbar gleichgültig auf den Rasen spuckt.

Den Pollaris würde sie niemals entgegenlaufen, denn hinter Tante Kaarina und Onkel Tauno geht immer Helena.

Helena ist eine weitere Schwippcousine.

Und ihre beste Freundin. Zumindest hätte sie das gern.

Helena hat blonde Locken und Grübchen in den Wangen.

Und

das hat sie längst gelernt:

Blonde Menschen sind gut und dunkelhaarige schlecht, besonders bei Mädchen ist das so.

In Märchen sind blonde Menschen grundsätzlich gut, im echten Leben ziemlich oft.

Und in Märchen und Schlagern gibt es meistens ein blondes und ein dunkelhaariges Mädchen.

Oft sind es Schwestern mit einer verwitweten Mutter, wie in dem einen Schlager, aber nicht immer.

In Märchen ist die Blonde meistens eine Prinzessin und die Dunkelhaarige die fiese, neidische Stiefschwester.

Die Blonde hat es schwerer, aber am Ende wird für sie alles gut.

Die Dunkelhaarige lacht am Anfang noch, doch am Ende stirbt sie.

Ihre dunklen Haare werden von Tag zu Tag dunkler.

Sie ist ein dunkelhaariger Mensch und daher von Natur aus schlecht.

Sie kann sich zwar bemühen, gut zu sein, aber letzten Endes sind Dunkelhaarige auch darin zum Scheitern verurteilt.

Dunkelhaarige kriegen im Leben nichts geschenkt.

Das ist Schicksal, genau wie Einzelkind zu sein.

Ich esse das angeschmolzene Vanilleeis, das Tante Kaarina mitgebracht hat, und ärgere mich über das Verrinnen der kostbaren Minuten, die Helena und mir bleiben, wage aber nicht, zu Helena hinüberzusehen, weil mich das verraten würde.

Doch Großmutter sieht meine Not und sagt, Helena und ich sollen doch mal rausgehen und spielen.

Ich reagiere nicht und warte auf die zweite Aufforderung, und als die kommt, stehe ich mit einem gleichgültigen Schulterzucken vom Tisch auf:

»Warum nicht.«

Ich gehe mit Helena zum Erdbeerbeet, meinem Erdbeerbeet, pflücke die größten und reifsten Früchte und lege sie ihr in die hohle Hand, denn genau dafür habe ich sie aufgespart.

Helena steckt sich die Erdbeeren in den Mund und lächelt

zerstreut, schließlich passieren solche Sachen im Leben blonder Mädchen ständig.

Doch

bevor der brennende Abschiedsschmerz naht, den ich nach Helenas Abreise allein auf dem Dachboden auslebe, haben wir einen freien Nachmittag, dessen abgemessene Stunden ich unruhig und eifersüchtig bewache.

Die Sonne scheint, als wäre ich blond und die Sonne mit mir verbündet, und Helena zeigt mir, dass man oben in den Quellwolken Tiere, Gesichter, Häuser und ganze Städte entdecken kann.

Als ihr das Wolkenspiel zu langweilig wird, kommt der Regen, der natürliche Verbündete von Dunkelhaarigen, und ich darf Helena in mein Spielhaus führen, wo es trocken ist und ich das Sagen habe.

Helena soll selbstverständlich auf dem einzigen Schemel sitzen, und ich hocke neben ihr auf dem Boden und suche verzweifelt nach einem Satz, der Helenas umherirrenden Blick auf mich lenken könnte.

Als ich einfach irgendwas was sage, lacht Helena höflich, und ich werde rot vor Wut.

Ich bin wütend auf mich, weil ich sie langweile.

Wie gern wäre ich sie, hätte blonde Haare und Grübchen in den Wangen und ein freundlich gelangweiltes Lächeln, aber ich bin nun mal dunkelhaarig und klein und eifersüchtig auf Helenas Gedanken, und erst, als sie weg ist, kann ich mir diesen Nachmittag auf dem Dachboden anders zurechtdenken:

Ich bin ein Junge und groß und in der dritten Klasse und habe jede Menge Schweißernarben auf den Händen. Helena ist gestolpert und hat sich den Rock aufgerissen. Ich helfe ihr hoch, tröste sie und wische ihr mit meinen vernarbten Händen die Tränen von den Wangen.

Nein.

Ich bin ein Junge und groß und in der dritten Klasse und mache mit Helena einen Spaziergang, als plötzlich ein böser Schäferhund auf uns zurennt, mit einer Schnauze so schwarz wie die von Taru. Als er sich auf Helena stürzen will, werfe ich mich vor sie, und der Hund beißt mich in den Arm, doch statt zu weinen, rufe ich Helena zu, dass sie weglaufen und Großvater Bescheid sagen soll. Dann kommt Großvater und rettet mich ...

Nein.

Ich bin ein Junge und groß und in der dritten Klasse und mache mit Helena einen Spaziergang, als plötzlich ein böser Schäferhund auf uns zurennt, mit einer Schnauze so schwarz wie die von Taru. Als er sich auf Helena stürzen will, werfe ich mich vor sie, und der Hund beißt mich so heftig in den Hals, dass ich sterbe und auf dem Friedhof Malmi begraben werde, wo Helena weinend an meinem marmornen Grabstein sitzt, und ...

Nein.

Ich bin ...

Ich bin ich und mache mit Helena einen Spaziergang, als uns ein Schäferhund entgegenkommt und ...

Nein.

Ich habe den Schäferhund aufgebraucht, und auch Helenas Gesicht beginnt sich aufzulösen, dabei ist sie gerade mal zwei Stunden weg,

und

mir bleibt nichts anderes übrig, als wieder dunkelhaarig und klein zu sein und Patschehändchen zu haben.

Mir bleibt nichts anderes übrig, als allein auf dem Dachboden zu sitzen, wo es nach Staub und den weißen Bohnen riecht, die Großmutter dort für den Fall eines neuen Krieges und Kaffeemangels aufbewahrt.

Mir bleibt nichts anderes übrig, als in den Alltag zurückzukehren, obwohl noch Sonntagabend ist, denn Großvater hackt Holz, und Großmutter bringt den Schmutzwassereimer zum Kompost.

Mir bleibt nichts anderes übrig,

als schon im Morgen zu sein, wo ich kein Junge bin, aber wenigstens lesen kann.

Die Menschen der in der Karelischen Autonomen Sozialistischen Sowjetrepublik gedruckten Erzählungen, die sich dieser A. P. Tschechow ausgedacht hat, wie ich annehme, sind mir näher als die Menschen, mit denen ich lebe.

Die Verdammich-Einstellung von Großvater und den anderen aus seiner Gegend verstehe ich erst, als die Figuren von Väinö Linna vor meinem inneren Auge lebendig werden und ich die Ähnlichkeiten mit Großvater und den anderen erkenne.

Und doch finde ich in keiner der herben Figuren aus Linnas *Unter dem Polarstern* – weder in Preeti noch Aune noch Anton noch Alina – die tiefe Traurigkeit wieder, die das Foto meiner Urgroßmutter ausstrahlt.

Dünn, unbegreiflich dünn ist sie, ihre Haut schwielig und beulig; ihren Vornamen weiß ich nicht.

In ihrem Gesichtsausdruck liegt rein gar nichts, nicht einmal Leid; er ist weder versteinert noch lebendig.

Die Geschichten, die von ihr erzählt werden, verraten nichts über sie, nur über die Bedingungen, unter denen sie gelebt hat.

Diese Frau, ohne die es mich nicht gäbe, bleibt stumm und fremd.

Bis

zu einem Märznachmittag, als sie sich durch eine alberne Laune des Schicksals als mittelalte, stämmig gewordene Professorin unter raureifüberzogenen Erlen wiederfindet.

Um sie herum frösteln kahle, blasse Weidenröschen, dort, wo früher das Zuhause ihrer Vorfahren stand: ein windschiefes Mietshaus, eine bescheidene Hütte.

Der Vorstoß zum Herkunftsort ihrer Verwandtschaft ist ihr peinlich, sie will schon umdrehen und schnell wieder heimfahren, als sie überraschend ein Geschenk gereicht bekommt.

Eine alte Bäuerin aus der Nachbarschaft übergibt es ihr, die Einzige, die ihre Urgroßmutter noch persönlich gekannt hat.

Die alte Frau wischt sich mit einem selbst gestrickten Wollfäustling die gerötete Nase trocken:

»Die gute Frau Sulander hatte weder Herd noch Ofen noch sonst was! Nur eine gemauerte Feuerstelle gab es, und auf den ollen Steinen hat sie zubereitet, was eben da war. In den Zwanzigerjahren, als die Kinder, die nicht gestorben waren, ausgezogen sind und in Helsinki gearbeitet haben, ging es bergauf, da fing sie an, jeden Samstag zu backen, die Kinder haben ihr Geld geschickt für Mehl. Aber weil sie ja immer noch keinen Ofen hatte, machte sie es so, dass sie die Hefewecken zu Hause aufgehen ließ, genau hier an dieser Stelle, und dann zu uns rüberspaziert kam, um ihre leckeren Wecken in unserem alten Ofen zu backen, dem von meiner Mutter.«

Und

da habe ich sie plötzlich bei mir, meine Urgroßmutter.

Sie ist die Frau, die Samstag für Samstag, Woche für Woche und Jahr für Jahr die Dorfstraße entlanggeht und bei brütender Hitze, verregnetem Herbstwetter und klirrender Kälte das sorgsam abgedeckte Hefeweckenblech in ihren schwieligen Händen trägt.

Der Rubin; verbotene Liebe

Miss Lunova war dunkelhaarig.

Auch meine erste Lehrerin Aira Hokkanen hatte ziemlich dunkle Haare.

Mutters Haare sind dauergewellt und fast schwarz.

Aber Mutters Augen sind blau.

Wie alles hat auch das Dunkle seine Grenzen, und die werden bei Tante Martta deutlich überschritten.

Bei ihr sind nicht nur die Haare schwarz, sondern sogar die Brauen und Augen.

Ihr Blick ist dunkel und stechend, weshalb keiner sie mag, auch ich nicht.

Aber Tante Martta gehört sowieso nicht richtig zur Verwandtschaft, weshalb sie auch niemand mögen muss.

Tante Martta lebt mit meinem Großonkel, dem Bruder meiner Großmutter, ohne Trauschein in wilder Ehe. Und mit ihrem einschüchternden Blick hat sie wirklich etwas von einem wilden Tier, einem Wolf. Sogar ihre Raucherlunge macht Hechelgeräusche wie ein Wolf, und ständig winselt sie, aber bloß wegen Kleinigkeiten.

Doch das Schlimmste an ihr ist, dass sie meinen Großonkel nie selbst erzählen lässt.

Mein Großonkel heißt Väinö, wird aber Väiski genannt.

Und Onkel Väiski ist genau das, was Tante Martta nicht ist: ein echter Verwandter, ruhig, gemütlich und sachlich.

Schiffe spielen in Onkel Väiskis Leben eine besondere Rolle, dabei kommt er nicht mal von der Küste, sondern aus Hämeenlinna wie Großmutter.

Aber schon als Kind in Hämeenlinna hat er die tollsten Borkenschiffe gebaut, die Tante Martta uns ausführlich beschreibt, obwohl sie zu der Zeit noch ein Baby war und ganz woanders in Finnland in der Wiege geschaukelt wurde.

Als Neunjähriger ist Onkel Väiski mit seinen zwei Schwestern, also Großmutter und Tante Kaisa, in Helsinkis Arbeiterstadtteil Kallio gezogen.

Dort hat ihn die Schule so gelangweilt, dass er im Unterricht Segelboote aufs Pult geritzt und sehnsüchtig darauf gewartet hat, von der Schule abgehen und Matrose werden zu können, erzählt Tante Martta, obwohl die zu der Zeit mit einem Lätzchen um den Hals an irgendeinem anderen Tisch gesessen und Brei löffeln gelernt hat.

Der Vater von Onkel Väiski, Großmutter und Tante Kaisa hat bei der Stadtreinigung von Helsinki gearbeitet und Abflüsse sauber gemacht, das hat die Familie ernährt. Er fand es richtig, dass Großmutter nach der vierten Klasse von der Schule abging und auf dem Markt Heringe verkaufte, von Onkel Väiski aber erhoffte er sich mehr.

Deshalb musste Onkel Väiski so lange am Schulpult schwitzen, bis der Vater während der Arbeit im Gulli an einer Gasvergiftung starb.

Großmutter und Tante Kaisa waren davon so geschockt, dass sie sich der Heilsarmee anschlossen, doch Onkel Väiski konnte nun endlich in See stechen.

Und das gelang ihm schneller als gedacht, mit der *Nautilus*, die politische Gefangene ins Lager auf der Festungsinsel Suomenlinna brachte.

Onkel Väiski war erst siebzehn Jahre alt und seit wenigen Tagen bei der Roten Garde der Arbeiterbewegung, als Feldmarschall Mannerheim nach Helsinki geritten kam und das Ende der Roten einläutete.

Das Gefangenenlager auf Suomenlinna beschrieb Tante Martta sehr anschaulich: lange Schlangen grau gekleideter Männer ohne einen Funken Hoffnung, dafür mit einer Gesichtsfarbe wie im tristesten Herbst; eisiger Frost, lehmige Erde und totes Schilf; nächtliche Schreie, wenn Männer mit Familie zur Hinrichtung geführt wurden; die stumme Landschaft, müde vom vielen unschuldig vergossenem Blut; hilflose Hände, die aus dürftig zugeschütteten Massengräbern ragten und das entsetzlichste Verbrechen der Menschheit bezeugten; schrilles Möwenkreischen als Begleitung des monotonen Wellenschlags, der ewigen Klage des Meeres.

»Aber du bist doch gar nicht dabei gewesen«, sagte Tante Essu und warf Reea einen Tennisball zu.

Reea stammte direkt von Tepsi ab und war schon groß, gut erzogen und konnte den Ball direkt aus der Luft schnappen. Tepsi konnte das nicht und schnappte immer ins Leere.

»Du warst zu der Zeit noch eine kleine Göre.«

Das sagte Tante Essus Mann Svenkka, der mit einer alten Soldatenmütze auf dem Kopf an der Birke lehnte.

Tante Martta sah ihn aus ihren schwarzen Augen verdattert an:

»Der Mensch wird sich doch wohl was ausmalen dürfen, verflixt noch mal.«

Svenkka lachte, wie man Dumme auslacht, und sie selbst, gerade fünf Jahre alt, lachte mit.

Das wusste doch jeder, dass Ausmalen das Gleiche ist wie Lügen!

In die Geschichte von Onkel Väiskis Rückkehr aus dem Gefangenenlager mischte Tante Martta sich ausnahmsweise nicht ein, weil die nämlich haargenau bezeugt werden konnte, und zwar von Großmutter.

Sie stand gerade auf dem Hakaniemi-Markt und verkaufte mit Tante Siiri Kartoffeln, weil Heringe in schlechten Zeiten nicht gut gehen, als ein bis zur Unkenntlichkeit abgemagerter Mann in die Schlange vor dem Stand wankte und sich als Großmutters Bruder Väiski vorstellte.

Großmutter und Tante Siiri füllten seine Mütze mit Kartoffeln und sagten ihm, er solle in Siiris Wohnung in der Viides linja gehen und sich sofort was zu essen machen.

An dieser Stelle endete Großmutters Augenzeugenschaft, und Tante Martta beschrieb unter wildem Gehuste, dass Onkel Väiski für den kurzen Weg fast zwei Stunden brauchte, sich an Hauswänden abstützen und das letzte Stück auf allen vieren kriechen musste wie ein Hund.

Nach der üppigen Kartoffelmahlzeit verlor Onkel Väiski das Bewusstsein und stand sieben Tage mit einem Bein im Reich des Todes, doch dann konnten Großmutter und Tante Siiri ihn zurückholen.

Später fuhr er erneut zur See, dieses Mal als Koch.

Und er sah alles, Rio, Havanna, Buenos Aires, bis er schließlich Tante Martta kennenlernte und in die Fußstapfen seines Vaters bei Helsinkis Stadtreinigung trat.

Tante Martta war Witwe, weil ihr Mann Artturi schon eine Weile tot war, wie es sich für einen anständigen Schnapsschmuggler gehörte.

Besonders lebendig beschrieb Tante Martta den Moment, in dem der verbotene Handel mit dem Selbstgebrannten aufflog: Bei der Leibesvisitation nach der Festnahme wurde Artturi totenblass und schwitzte so stark, dass er das von Tante Martta persönlich gewaschene und gestärkte Taschentuch hervorholte und sich den Schweiß von der Stirn wischte, gleich zweimal. Auf das zweite Wischen folgte ein ohrenbetäubender Knall, der die Polizisten buchstäblich umwarf, wobei manche auf dem Fußboden landeten und andere auf der Schreibtischplatte. Als sie sich berappelt hatten und wieder aufrecht standen, sank wiederum Artturi auf seinen Stuhl und versprühte eine hohe Blutfontäne aus der Stirn.

In dem von Tante Martta persönlich gewaschenen und gestärkten Taschentuch hatte ein Revolver gelegen.

Weil aber der tote Artturi noch weniger zu unserer Verwandtschaft zählt als Tante Martta, möchten wir keine weiteren Geschichten mehr über ihn hören und bitten Onkel Väiski, uns von seiner Zeit auf See zu erzählen.

Onkel Väiski ist ein transusiger Erzähler ohne Biss, doch nach einigen Schnäpsen läuft er sich warm.

In seinen Geschichten wimmelt es vor Affen, Papageien und bedrohlich starken, schwarzen Männern.

Wenn Onkel Väiski dann aber beschreibt, wie solch ein Mann ihn mit einem Dolch durch ganz Kingston jagt, entsteht kein Bild von dieser Stadt.

Es ist Nacht, das wenigstens kann er uns sagen, aber weder scheint es stickig zu sein noch kühl, und auch nicht klar oder bewölkt. Weder sanfte Stille noch das Zirpen von Zikaden ist zu hören, auch kein fernes Gitarrenspiel oder das nahe Hecheln von Onkel Väiskis Verfolger. Die Rhododendren, die Onkel Väiski immerhin erwähnt, bleiben ohne Duft, und da schaltet sich Tante Martta wieder ein.

Möglichst unauffällig schiebt sie dem schwarzen Mann einen zerkauten Rosenstängel zwischen die Zähne und Onkel Väiski eine Flasche Jamaikarum in die Hand, aus der er keinen Schluck verschüttet, lässt Eselschreie und gruselig hallende Absätze erklingen und ein paar unrealistisch große Tropfen regnen – die dem Flüchtenden die Stirn kühlen –, stellt eine brennende Fackel vor die Baracke in der schmalen Slumstraße und legt einen einäugigen Hund auf die Schwelle der halb offen stehenden Tür, fügt noch einen Kommandanten hinzu, der sich über den Schnurrbart streicht und Stiefel trägt, die im nächtlichen Mondschein glänzen, und spätestens da hat Tante Martta die Geschichte vollständig an sich gerissen, schwelgt in Düften, Lichtern und Handlungsverwicklungen, zögert die Spannung kurz vor dem Ende noch einmal hinaus und treibt die Dinge schließlich in ihr grausiges Finale.

Wir würden Onkel Väiski nie ermuntern, Tante Martta zu heiraten – obwohl die wilde Ehe ja auch nicht unbedingt das Richtige ist –, denn insgeheim hoffen wir, dass er eine findet, die leiser und weicher ist, einen Wolf mit sanfterem Biss, eine, die ihn seine Geschichten selbst erzählen lässt.

Doch Ende der Fünfzigerjahre macht Onkel Väiski Tante Martta plötzlich einen Heiratsantrag, und Tante Martta sagt einfach ja.

Also leihen Tante Essu und ihr Mann Svenkka ihnen für die Dauer der Zeremonie die Ringe, und Tante Sirkka dreht Tante Martta mit dem Brenneisen Locken.

Und dann wartet Tante Martta mit den frisch gemachten Haaren und den geliehenen Ringen vor dem Standesamt auf Onkel Väiski und seinen Rosenstrauß, wartet eine Stunde, wartet zwei, marschiert schließlich zurück nach Hause und schiebt die alten Metallbetten auseinander, bis an die gegenüberliegenden Wände, wo sie auch die nächsten dreißig Jahre stehen werden.

Onkel Väiski, der sich am Tag der Hochzeit im Ort ein wenig festgesoffen hat, hält danach noch mehrere Male um Tante Marttas Hand an, doch die bleibt streng und unbeugsam.

Als ihr träger und zielloser rebellischer Geist ihr während der Pubertät Tag und Nacht zu schaffen machte, begann sie, Tante Martta und Onkel Väiski auf eigene Faust in deren Einzimmerwohnung zu besuchen.

Tante Marttas Wolfsblick interessierte sie, und so schlaff und unbedeutend sie sich in deren energischer Gegenwart auch fühlte, so sehr wünschte sie sich insgeheim, durch Tante Marttas Einfluss selbst zu einem Wolf zu werden.

Und

der Familie gegenüber lobte sie Tante Marttas psychologische Scharfsichtigkeit, ihr sicheres ästhetisches Gespür, überhaupt ihre ganze Erzählkunst in den höchsten Tönen, war geradezu gerührt von ihren eigenen Worten (eine Falle, in die sie im weiteren Verlauf ihres Lebens noch einige Male tappen sollte) und bewirkte exakt, was sie beabsichtigt hatte: ärgerlich gerötete Gesichter.

Mit den Fremdwörtern psychologisch und ästhetisch schnitt sie sich von ihrem Hintergrund los, ließ die anderen mit leeren Händen stehen und nahm nur Tante Martta mit, die aus Sicht der anderen doch bloß stinknormal im Buchdruck arbeitete und sich höchstens durch ihr endloses Geschwätz, ihr auf verschlagene Weise verheimlichtes Trinken und ihr allgegenwärtiges feines Getue von allen anderen unterschied.

Es ist Nachmittag, ich sitze in Tante Marttas und Onkel Väiskis einzigem Sessel und entschwebe diesem Montag, dem dumpfen Autolärm der Beschleunigungsschneise Helsinginkatu und den nicht enden wollenden Hausaufgaben in Kirchengeschichte, in denen es vor Pfarrern mit Namen wie Gezelius und Rothovius nur so wimmelt.

Onkel Väiski kocht in der Küchenecke Kaffee und macht uns großzügig gebutterte Weißbrote mit Brühwurst. Niemand buttert die Scheiben so sorgfältig und belegt sie so gleichmäßig mit Wurst wie butterbrotspezialisierte dänische Kaltbüfettköche und Väiski, sagt Tante Martta.

Tante Martta sitzt aufrecht auf einem Holzhocker, saugt an einer Zigarette, zündet sich schon die nächste an und vertieft sich in die Welt der Edelsteine:

Der Saphir ist ein zarter weißer Stein, der an taugläzende Moosglöckchen erinnert.

Der Saphir passt zu jungen, zerbrechlichen Frauen, die noch nicht wissen, wohin das Leben sie führt. Wenn ein Lichtstrahl auf den Saphir am Hals einer jungen Frau fällt, glüht er auf und deutet zarte Versprechen an.

Vor allem in den bedeutungsschweren Sommernächten mit ihrer durchscheinenden, kühlen Luft erblüht der Saphir zu einem einzigartigen, gedämpften Leuchten, dessen Bedeutung nur die verstehen, deren Herz verletzt wurde.

An dem Blick, den sie mir zuwirft, erkenne ich, dass Tante Marttas Herz verletzt wurde und dasselbe auch mir bevorsteht.

Trotzdem sind wir keine Saphirfrauen, Tante Martta und ich.

Der Diamant wiederum ist ein harter, selbstbewusster Stein.

Er passt zu schwarzhaarigen Frauen, die mutig und aufrecht durchs Leben gehen und andere für nichts um Erlaubnis bitten.

Wieder wirft Tante Martta mir einen Blick zu und lächelt versonnen; allmählich nähern wir uns dem Stein, der zu uns passt.

Der Diamant allerdings ist für uns zu eindimensional, zu machtvoll und blendend. Wir verwerfen ihn mit einem angedeuteten Lächeln.

Doch für Frauen, die sich mit Diamanten schmücken möchten, hat Tante Martta noch einen Rat: Sie sollten prüfen, ob ihre Augen wirklich ebenso stolz und selbstbewusst sind wie der Edelstein auf ihrer Haut; denn blassen und unsicheren Frauen macht er zu große Konkurrenz.

Der Türkis kann matt und stumpf wirken, ist aber ein starker Stein, der die Geheimnisse der amerikanischen Ureinwohner und anderer würdiger Stämme in sich trägt; er spiegelt die unerschütterliche Stille und Tiefe weiter Ozeane.

Er passt zu Frauen, die einiges mit sich herumschleppen, es aber nie nach außen kehren und einen Großteil ihrer Traurigkeit in ihr vom Alltagstrott gebeuteltes Herz schließen.

Im Amethyst flackern die quirlige Unruhe und berauschende Klarheit eines Gebirgsbachs.

Im Amethyst konzentrieren sich die Eigenschaften von bewegtem Wasser, das nach Tiefe sucht, weshalb er zu Frauen passt, deren Seele die dringliche Rastlosigkeit von Bächen kennt.

Der wundersamste Stein überhaupt aber ist der Rubin.

Der Rubin verbreitet das Feuer der leidenschaftlichen, unausweichlichen Liebe und passt daher nur zu Frauen, die bereit sind, sich ohne jede Rückversicherung in den heißen, tückischen Strudel körperlicher Liebe zu werfen und die Folgen dieser todesmutigen Liebe bis ans Lebensende zu tragen.

Und hier richtet Tante Martta ihren Blick auf

sie.

Und dieser Blick ist eine Erschütterung, weil er sie auszieht und eine heiße, noch unsicher und formlos wabernde Masse bloßlegt, die sie als ihr Innerstes erkennt, ihren sorgsam verborgenen Kern.

Doch damit noch nicht genug.

Der Blick bohrt sich durch sie hindurch und zielt auf einen Punkt, zu dem sie sich erst noch aufmachen muss, auch wenn sie dort vielleicht am liebsten nie ankommen möchte.

Bevor Tante Martta endgültig von Onkel Väiski lassen musste, amputierten sie ihr ein Bein.

Anschließend saß ich mit ihr in dem Krankenhausfoyer mit dem abgenutzten Boden und den Holzschnitten an den Wänden und hielt ihre Hand.

Tante Marttas schwarze Wolfsaugen waren geöffnet und ihre Pupillen vor Schmerz verkleinert, ihr Atem hechelte.

Aus Mitleid und Angst musste ich weinen; ich wollte nicht zurückbleiben in einer Welt, in der mich niemand sah.

Meine Tränen tropften auf Tante Marttas Hand. Sie schreckte auf und richtete ihren hitzigen, entsetzten Blick auf mich, ohne mich wirklich zu sehen:

»Weg ist es, das Bein. Es war ein gutes Bein! Sei's drum.«

Tante Martta musste ins Invalidenheim Suursuo im Norden der Stadt, wo sie vier Jahre unter der Bettdecke lag und auf die Atombombe wartete, die die Welt in Schutt und Asche sprengen würde, denn Onkel Väiski durfte nicht ins gleiche Heim.

»Wieso sollten die beiden ein Recht darauf haben zusammenzuwohnen? Nicht mal darum bitten dürfen sie, am Ende sind das doch zwei Fremde!«

Das war die Meinung von Tante Sirkka, deren freundlicher, glupschiger Blick rüde und rachsüchtig über das Tapetenmuster irrte.

Und erst

da wurde ihr klar, was für eine gewaltige Bedrohung die seltsame, etwas lächerliche Liebe von Tante Martta und Onkel Väiski für jemanden wie Sirkka darstellte, eine Frau, die zweimal geliebt hatte und zweimal verlassen worden war, überhaupt für alle, die befürchteten, leer auszugehen und in ihrer ganzen Trostlosigkeit enttarnt zu werden.

Die Schwalbe ist ein böser Vogel

Der Star ist ein netter Vogel.

Er flattert mit glänzenden Flügeln von Baum zu Baum und schnappt Haarbüschel direkt aus der Luft.

Sobald die ersten Stare im Garten erscheinen, holt Großmutter die Hundebürste aus der Kommode, und wir bürsten draußen vor dem Haus Tepsis Winterfell aus.

Und wenn Großmutter ein Haarbüschel in den Wind wirft, schnappt ein Star es sich und benutzt es als Material für sein Nest.

Der Star legt seine Eier auf Tepsis Haare, und damit ist es Tepsi, der die frisch geschlüpften Küken mit seinen Haaren wärmt.

Nach dem Ausbürsten legen wir Tepsi an die Kette, sonst jagt er den herumfliegenden Haarknäueln selbst nach, denn er will sein Fell wiederhaben.

Der Star ist auch deshalb ein guter Vogel, weil mit seiner Ankunft der Sommer anfängt.

Der Sommeranfang ist die einzige Zeit, in der Großmutter nicht vom Tod spricht, nicht einmal in dem Jahr, als sie nach der Operation aus dem Maria-Krankenhaus entlassen wird und sich erholen soll.

Sie sagt einfach nur: »Jetzt ist Großmutter wieder zu Hause, jetzt ist alles wieder gut«, und tätschelt Tepsi den Kopf.

Tepsi schnuppert nur zögerlich an ihr.

Und seine Scheu macht ihr schlagartig klar, dass dies vermutlich der letzte Sommer ihrer Kindheit sein wird.

Die Schwalbe ist ein böser Vogel.

An irgendeinem gewöhnlichen Augusttag landet sie auf der Telegrafenleitung. Kurz darauf gleitet eine zweite Schwalbe neben die erste, und auf einmal sitzt ein ganzer Schwarm da.

Wie eine gleichmäßig aufgereihte schwarze Perlenkette sieht das aus.

Es ist gut möglich, dass wir am ersten Perlenkettentag noch so tun, als würden wir die Schwalben nicht bemerken.

Aber am zweiten oder spätestens dritten Tag sagt Großmutter garantiert, schau mal, die Schwalben versammeln sich wieder zum Schwarm.

Ich hasse den Schwalbenschwarm, weil er mir anzeigt, dass ich bald mit dem BMW abgeholt und in die Stadt zurückfahren werde.

»Tja, das war's dann mit dem Sommer«, sagt Großmutter, und wenn ich nicht schnell genug aus der Küche raus bin, sind wir sofort wieder bei den Grabsteinen auf dem Friedhof Malmi, und dann kommt auch gleich meine Abiturzeit dran, in der ich so abgehoben sein werde, dass ich an Großmutter und ihre Lehren gar nicht mehr denke.

Ich sitze im Spielhaus, das mir plötzlich klein und fremd und herbstlich vorkommt.

An der Holzwand lehnen meine Puppen Maija und Pipsa.

Aus Maijas Fingern rieselt Sägemehl, und sie riecht muffig;

jetzt bereue ich es, sie den ganzen Sommer nicht an die frische Luft gebracht zu haben.

Ich trage beide Puppen raus.

Da sitzen sie nun, unter dem Johannisbeerstrauch, und lächeln mich leblos an.

Ich setze mich auf die Treppe.

Tepsi kommt und leckt mir über die Knie, und erst da fließen die Tränen.

Großvater denkt, es ginge mir zu Hause schlecht, sonst würde ich ja nicht tagelang weinen, bevor die Eltern mich abholen.

Er schlägt Mutter sogar vor, ich könnte zu ihm und Großmutter nach Mellunkylä ziehen.

Aber das sagt er, als ich es nicht hören kann.

Ich höre es trotzdem, durch den Vorhang meiner Bettnische; da bin ich bereits wieder in der Stadt, und die Eltern denken, ich würde schon schlafen.

Mutter weint und sagt, sie hätte doch ihr Bestes gegeben, aber jetzt denken alle, sie wäre eine derart schlechte Mutter, dass ihr eigenes Kind nicht bei ihr wohnen will.

Am liebsten würde ich aufstehen und ihr erklären, dass das überhaupt nicht stimmt, aber weil alle denken, ich würde schlafen, traue ich mich nicht, stattdessen kneife ich die Augen fest zusammen und lande sofort in einer Welt, in der viel mehr möglich ist,

denn

es gibt mich in dieser Welt mehrmals:

Einmal für Großmutter und die langen, grauen Wintertage, eine, die blond ist, abwaschen kann und Nudelauflauf zubereitet, bevor Großvater aus der Werkstatt kommt.

Einmal für Großvater, eine, die mutig die Schule verweigert, weil so was überflüssig und Firlefanz für feine Leute ist.

Einmal für Mutter, ein flinkes, sportbegeistertes Mädchen, das gern Röcke trägt und mittwochs im Kulturhaus beim Turnen des Arbeitersportverbands mitmacht und bei den Verbandsfeiern Preise erhält.

Einmal für Vater, eine, die Schlittschuhlaufen lernt, kaum dass er die Dinger für sie gekauft hat, und die schneller und sicherer Fahrrad fährt als sämtliche Jungs.

Und eine für sie selbst, die ein Junge ist und zugleich ich.

Und dieser Junge geht hin, wo auch immer er will, spuckt auf den Boden und schert sich um nichts.

Dann kommt unweigerlich der Tag, an dem Großmutter und Mutter meine Sachen packen und Vater sie in den Kofferraum des BMW hebt.

Ich verdrücke mich auf den Rücksitz, aber Mutter zwingt mich, noch einmal auszusteigen:

»Bedank dich bei deinen Großeltern für den schönen Sommer.«

»Danke für den schönen Sommer«, sage ich und starre auf den Boden, doch Großmutter starrt über die Fichten hinweg zur Straße und schweigt.

Auch Großvater hat keine Zeit etwas zu sagen, weil er so tut, als würde er die Schaukel reparieren, mit konzentrierter Miene klopft er das Holzgerüst ab:

»Verdammich, auch der hier ist morsch.«

Aber Mutter lässt nicht locker.

»Sag Tepsi Tschüss.«

»Tschüss«, sage ich, ohne in Tepsis Richtung zu blicken.

Endlich darf ich wieder auf die Rückbank.

Als das Auto durchs Gartentor auf die Straße fährt, sagt Mutter, ich soll Großmutter, Großvater und Tepsi zuwinken.

Ich winke, ohne mich zu ihnen umzudrehen.

Ich weiß nicht, ob Großmutter und Großvater und Tepsi zurückwinken, aber ich denke, eher nicht.

Wir lassen die Weißdornhecke hinter uns.

Auf den obersten Zweigen hocken Schwalben und kreischen böse.

»Tja«, sagt Vater, als wir um die Ecke gebogen und vom Garten aus nicht mehr zu sehen sind, »nun beginnt wieder der Ernst des Lebens.«

Mutter stupst ihn mit dem Ellenbogen an und will ihn zum Schweigen bringen, aber so was merkt Vater nicht.

»Ein bisschen Ordnung und Disziplin«, brummt Vater.

»Jetzt lass sie doch«, flüstert Mutter und hofft, ich würde es nicht hören, »sie ist doch sowieso schon traurig.«

Und Mutters Stimme zittert vor Mitgefühl, und

sie wird unglaublich wütend auf ihre Mutter, die sie daran hindert, ein starker, sorgloser und gleichgültiger Junge zu sein.

»Kommt Elsa denn gar nicht?«

Vater hebt den Kopf vom Kissen und versucht, an mir vorbeizuspähen.

»Doch, sie ist gleich da«, sage ich und fasse nach Vaters Hand.

Er entzieht sie mir.

Meine nutzlos gewordene Hand sucht sich ihren Weg in die Hosentasche, stößt auf mein Feuerzeug und streichelt das angewärmte Metall.

»Ich brauche Zigaretten«, sagt Vater und glotzt störrisch in den leeren Flur.

»Die kriegst du hier nicht«, sage ich. »Du hast nun mal anscheinend Wasser in der Lunge.«

»Die anderen hier rauchen auch.«

Vaters Stimme klingt wie die eines trotzigen Jungen, und

für einen kurzen Moment verspürt sie den Wunsch, sich für die sinnlosen Verbote ihrer Kindheit und die demütigenden Erklärungen zu rächen:

»Warum darf ich das denn nicht?«

»Weil du es eben nicht darfst.«

»Aber warum?«

»Wenn ich nein sage, heißt das auch nein.«

Doch dann kommt Elsa.

Ihre Metallkrücken stapfen dumpf durch den Flur.

Ein Sonnenstrahl verirrt sich durch die Vorhänge und landet auf dem Metall, das unter Elsas Achsel hell aufleuchtet,

und

für einen kurzen Moment rührt sie der Anblick ihrer schwarzhaarigen, metallisch leuchtenden Tochter so sehr, dass sie das Gefühl runterschlucken muss.

Sogar Vater vergisst auf seine Tropfflasche zu starren und reckt den Hals.

»Das ist Elsa!«

»Was ist denn mit deinem Bein los?«, fragt Vater und nimmt Elsas Hand.

Elsa hält mit Vater Händchen.

In Elsas Augen schimmert schnelles Wasser, doch sie lächelt und streichelt mit der freien Hand über Vaters Wange.

»Die mussten ihr eine große Schwiele rausoperieren«, antworte ich für sie, »hab ich dir doch erzählt.«

Vater sieht reglos zu seiner Enkelin.

»Das kommt vom vielen Tanzen«, sage ich.

Vater sieht weiter zu Elsa und runzelt die Stirn, als würde er sich mit äußerster Kraft an etwas erinnern wollen. Und Elsa lässt die Tränen über ihre Wangen laufen und schenkt ihm ein liebevolles, tröstendes Lächeln, und er sieht weiter reglos zu meiner Tochter, die die Hand meines Vaters halten darf,

und

sie spürt die trostlose Ausgeschlossenheit so stark, dass sie nicht mehr frei atmen kann.

Zum Glück kommt gerade eine Krankenschwester mit einer Saftflasche vorbei.

»Wie sieht es aus?«, spreche ich sie an und meine damit Vater.

Sie bleibt stehen und lächelt.

Die Krankenschwester lächelt mich an.

Ich würde gern etwas sagen, was die Schwester zum Bleiben bewegt, damit sie mich weiter anlächelt und mit mir redet.

»Alles so weit in Ordnung«, sagt sie und geht mit ihrer Saftflasche bereits ein paar Schritte weiter. »Auf dem aufsteigenden Ast, würde ich sagen, aber wenn Sie Genaueres wissen wollen, rufen Sie den Stationsarzt morgens nach der Visite an …«

Und schon ist sie weg, und ich bin wieder allein und weiß nicht wohin mit meinen nutzlosen Händen.

»Was kostet eigentlich so eine Schmalfilmrolle inzwischen?«, fragt Vater unvermittelt und sieht mich an, seine Hand liegt noch immer in Elsas.

»So ein Achtmillimeterfilm?«, frage ich und freue mich über die plötzliche Aufmerksamkeit.

»Ja.«

»Siebzig Mark«, erfinde ich, weil ich mir sicher bin, dass Vater ohnehin nie wieder einen Film kaufen wird.

»Aha. Zu meiner Zeit kosteten die dreißig Finnmark«, stellt er nüchtern fest.

»Aha«, sage ich im gleichen Tonfall und denke an die Zeit, die die Zeit meines Vaters war und die es nicht mehr gibt.

Vater sieht wieder zu Elsa und runzelt die Stirn, als würde er in seinem Kopf etwas suchen, dann findet er es, lächelt und löst seine Hand vorsichtig aus Elsas.

Und nach einem zittrigen Weg durch die Luft landet sein Zeigefinger auf Elsas Nasenspitze.

»Duup«, sagt Vater zärtlich.

»Duup«, erwidert Elsa und wischt sich mit dem Ärmel über Augen und Wangen.

»Das hab ich früher immer gemacht, als du klein warst«, flüstert Vater.

Und mit mir nicht, brüllt sie in Gedanken und schämt sich für ihre kleinliche Reaktion auf diesen kurzen Moment der Zärtlichkeit.

Sie schämt sich für ihre verzehrende Eifersucht und die demütige Bewunderung, mit der sie auf die natürliche Weiblichkeit und Zärtlichkeit ihrer Tochter schaut.

Und

sie will jetzt eigentlich nicht an den Nachmittag denken, als sie mit Vater im Meilahti-Krankenhaus vor der Tür saß, die sie von ihrer Mutter trennte, die einen Herzinfarkt gehabt hatte.

Vater, damals ein finsterer, gut aussehender Mann mittleren Alters, starrte auf seine Fäuste und wurde nervös von ihren Tränen.

»Schluss jetzt, kein einziges Kind heult hier.«

Doch, eins, hätte sie am liebsten gesagt.

Aber sie stand nur stumm auf, unterdrückte die Tränen und schlug ihre Stirn rhythmisch an das Gitterkreuz des Fensters, hinter dem die Krankenwagen an- und abfuhren.

Endlich ging die Tür auf, und ein Krankenpfleger kam auf sie zu.

»Sind Sie die Angehörigen von Alli Helena Mellberg?«

»Ja«, antwortete Vater, »das ist unsere Ehefrau.«

Elsa sieht mich fragend an, ihre Hand liegt wieder auf Vaters.

»Na dann«, sage ich.

»Tja«, sagt Vater.

»Dann werden wir wohl mal aufbrechen, Elsa und ich.«

Vaters Finger umklammern Elsas Hand:

»Elsa, hol mal schnell meine Jacke und die anderen Sachen.«

Elsa sieht mich erschrocken an, und ich blicke mich Halt suchend um, doch keine einzige Krankenschwester ist da.

Nur die Wüste der kranken, einsamen Männer.

»Du hast doch ein Auto«, flüstert Vater aufgeregt und reckt den Kopf in meine Richtung. »Du kannst Elsa und mich irgendwohin fahren, wo wir schön sitzen können.«

Ich lache auf, und auch Elsa lacht, verlegen.

»Ich denke, du musst erst noch ein paar Nächte hierbleiben«, lüge ich.

Vater lässt den Kopf zurück ins Kissen fallen und dreht den Blick weg.

»Aha.«

»Ja«, sage ich.

Und dann ist nichts weiter mehr zu tun, als die Hand zu drücken, die nicht gedrückt werden will:

»Halt die Ohren steif.«

»Muss ich ja«, sagt Vater ins Kissen, und

schon sind wir zu Hause.

Meine Beine schmerzen.

Ich greife nach der Calvados-Flasche, und als mir gerade der rauchige Apfelgeschmack auf der Zunge brennt, klingelt das Telefon.

»Nicht rangehen.«

»Aber wir müssen rangehen«, sagt Elsa.

»Nein, müssen wir nicht«, sage ich, und

sie spürt auch jetzt noch den harten Ellenbogen ihres Vaters in den Rippen: Sie stehen nebeneinander und waschen sich um die Wette die Hände, damit sie schnell reinkönnen zu Mutter, die an Schläuche angeschlossen hinter der Tür liegt.

Rasch noch den weißen Kittel, die weißen Handschuhe und den weißen Atemschutz angelegt – den sie nicht korrekt festbindet, weil Vater seinen einfach in die Kitteltasche stopft –, dann hektisch zum Bett.

Einen Meter davor holt sie Vater ein, außer Atem stehen sie rechts und links von Mutter.

Die liegt weiß, fast durchscheinend da.

Und auf einmal wird ihr klar, dass Mutter die Augen am liebsten zulassen und weder sie noch Vater anschauen möchte, weil sowieso nur eifersüchtig lauernde Blicke auf sie warten.

»Es ist das Krankenhaus.«

Elsa steht an der Tür, das Licht hinter ihr lässt ihre schwarzen Haare hell schimmern.

Ich schlucke den Rauchgeschmack langsam hinunter.

Ich verlängere meinen Weg zum Telefon, indem ich am Sofa beim rücklings schnurrenden Aleksei anhalte, am Badezimmer, in dem versehentlich das Licht angeblieben ist, und am Küchentürrahmen, dessen vergilbte, abblätternde Farbe dringend durch neue ersetzt werden muss, wie ich in diesem Moment feststelle.

Der Hörer liegt neben der Kaffeemaschine.

Ich muss ihn hochnehmen.

Er fühlt sich kühl an und weit weg, aber ich muss ihn ans Ohr heben.

Vater ist tot.

An der Stimme der Krankenschwester erkenne ich, dass es hier um eine überraschende, große und irgendwie festliche Sache geht.

»Aha«, höre ich mich sagen, während ich damit beschäftigt bin, aus dem Fenster in den Hof zu schauen, den die Dunkelheit des Herbstes noch nicht ganz verschluckt hat.

Eine tapfere weiße Blume versprüht ihre Blüten aus dem Pressspankasten; und ich wundere mich, dass ich sie bisher nicht wahrgenommen habe.

Und

dann steht der Rückweg an, vorbei am abblätternden Türrahmen, dem sinnlos beleuchteten Badezimmer, dem auf dem Rücken schnurrenden Kater, bis zum Teppich, auf dem Elsa fragend wartet.

»Opa ist tot.«

Und Elsa lächelt kurz und schmiegt sich fest an mich.

Ich atme in ihre Haare, mein Herz schlägt an ihre Stirn.

Niemals möchte ich mich aus dieser Position lösen, aus diesem Moment mit meiner Tochter, und

das habe ich auch nie getan.

Zeppeline

Zweimal habe ich einen Zeppelin gesehen.

Das erste Mal im August.
 Ende Juli war ich aus der Geburtsklinik entlassen worden, im einen Arm ein Bündel, das zu meiner Tochter heranwachsen sollte, im anderen eine feuerrote Gladiole, ein Gratulationsgeschenk, das wie ein Schwert über meine Schulter ragte.
 Die Gladiole wollte einfach nicht verblühen. Noch im August, als ich schon verlassen worden war und meine drei Wochen alte Tochter mir wie eine seltsame Person vorkam, saß ich mit diesem fremden Kind im Schoß auf dem Sofa und sah gebannt auf mein stolzes, beharrlich blühendes Schwert.
 Und dann schwebte auf der Schwertspitze ein Zeppelin. *Goodyear* stand darauf, und träge wie in einem bedrückenden Traum glitt er vom rechten Fensterrand zum linken. Der Zeppelin wünschte mir ein gutes Jahr, ich konnte es kaum glauben.

Das zweite Mal am ersten warmen Tag im Frühsommer.
 Auf dem tiefen, schwarzen Weiher liegt noch eine dünne

Eisschicht. Als ich sie kaputtstoßen will, taucht am veilchenblauen Himmel geräuschlos ein Zeppelin auf.

Er hängt tief, so tief, dass ich ihn berühren könnte.

Über meinen Kopf hinweg stürzt er in den Weiher, und ich will sofort um Hilfe rufen, aber meine Kehle bleibt stumm.

Der Zeppelin geht unter, nur die obere graue Wölbung schaut heraus wie der Rücken einer Quappe.

Ich steige in den Weiher, erreiche den Zeppelin und hieve mich oben drauf.

Ich finde die Einstiegsluke und öffne sie.

Und dann kommen die anderen.

Sie laufen über mich drüber, lachen und lärmen.

Sie haben Picknickkörbe dabei.

Vorsicht, da könnten Tote drin sein, will ich sagen, aber ich bin die einzige ohne Stimme.

Ich steige mit den Picknickleuten hinab in den Zeppelin.

Im Inneren öffnet sich ein riesiger Palast.

Der große Saal, in dem wir stehen, ist noch erhellt, doch in den mit schweren, lachsfarbenen Vorhängen abgetrennten Zimmern ist der Strom ausgefallen.

Die Picknickleute öffnen ihre Körbe und Weinflaschen und fangen an – einige mit Glas oder Brot in der Hand –, den Zeppelin leer zu räumen.

Tote darf man nicht beklauen, will ich rufen, aber jetzt geht nicht einmal mehr mein Mund auf.

Und dann befällt auch mich der fiebrige, termitenartige Eifer.

Ich quetsche mich durchs Gedränge in ein Zimmer mit etlichen Lampen, wie ich im schwachen Licht erkenne; es müssen Tausende Lampenschirme, -füße und Kronleuchter sein.

Niemand außer mir interessiert sich dafür, die kann ich alle mitnehmen.

Doch als ich einen Schirm berühre, reißt er, und der bronzene Fuß zerfällt zu Staub.

Und die Kronleuchter bestehen nur aus Fischschuppen.

Zum Glück gibt es noch andere Zimmer.

Ich entdecke einen Saal voller alter Dekorgegenstände: rundwangige Gartenwichtel, zwanzig Rebekkas am Brunnen, ein Panflöte spielender Hirte aus Ebenholz, ein seltsames Fayencen-Zwillingspaar auf dem Töpfchen, ein Zwillingsjunge schwarz, der andere rosa.

Ich zünde die Kerze an, die ich plötzlich in der Hand habe, und trete näher.

Der Wichtel vor mir entpuppt sich als zweidimensional, aus rostigem Blech gefertigt.

Aber die Rebekkas sind aus Fleisch und Leder, allerdings vergammeln sie schon.

Ich gebe nicht auf.

In einem gleißend hellen Raum steht eine Kommode so groß wie die Wand, mit Dutzenden kleinen Schubladen.

Als ich die oberste öffne, schiebt sich ein Gehstock zwischen meinen Beinen hervor, der die unterste Schublade aufzieht.

Beide sind leer.

Alle sind leer.

Ich klettere erneut auf den Zeppelin.

Der Herbst ist da. Das Laub ist feuerrot, die Luft riecht nach Frost und sternklarer Nacht.

Als ich aufwache, weiß ich sofort wieder, dass Vater gestorben ist.

Und ich beschließe, dieses Buch zu schreiben.

Unsterblichkeit

Großmutter und Tante Hilma gehen mit mir zum Spielen in den Park.

Es ist leicht bewölkt, hinter der Steinmauer quietschen die Autos mit ihren Bremsen und blasen dicke, nach Benzin stinkende Schwaden in die Luft.

Der Park ist schattig und kühl.

Die spätsommerlichen Birken rauschen wehmütig.

Ein Eichhörnchen mit buschigem Schwanz hält inne und sieht mich mit glänzenden Augen an, dann springt es elegant auf einen Stein und weiter auf eine mächtige Kiefer, die die Erwachsenen Föhre nennen.

Im Park gibt es viele Steine.

Sie glänzen und haben abgerundete Kanten; es sind sehr gute Klettersteine.

Auch Blumen gibt es hier viele.

Ich pflücke zwei Sträuße, einen für Großmutter und einen für Tante Hilma: rote Blumen mit saftigem Stängel und bauschige blaue, die in meiner Hand schnell umknicken. Wie die Blumen heißen, weiß ich nicht.

»Du liebe Güte, wo hast du die denn her?«, fragt Großmutter.

»Hier darf man keine Blumen pflücken, mein Schatz«, sagt Tante Hilma.

Und Großmutter erklärt, dass unter den Steinen Menschen liegen und die Blumen diesen Menschen gehören.

In ihrer Pubertät liebte sie Friedhöfe: die Stille, das leise Rauschen der Bäume, das bedächtige Knirschen auf den Sandwegen.

Sie betrachtete die Steine, die eingravierten Namen und die Zahlen, die aus der Ewigkeit eine klar bemessene Zeitspanne herausschnitten, die einem Menschen gehörte und in die seine Geburt, viel Hektik, Hoffnung, Seufzen, Enttäuschung, Zweifel und sein Tod gepasst hatten.

Sie ging immer allein auf den Friedhof und heimlich, spazierte zwischen den Gräbern herum, murmelte die Namen und Jahreszahlen, verlor das Zeitgefühl und kehrte besänftigt nach Hause zurück, ruhig und leicht erhaben.

Ich will jetzt nicht mehr auf den Steinen klettern und sitze zwischen Großmutter und Tante Hilma auf der Bank und esse ein Butterbrot.

Großmutter und Tante Hilma erklären mir geduldig, was das Los des Menschen hier auf Erden ist: Zu Lebzeiten rackert er sich ab und strebt nach Geld und Ruhm und Eigentum, dann stirbt er und wird in ein Sterbekleid gesteckt, ein weißes Gewand ohne eine einzige Tasche.

»Und nichts kann man mitnehmen, wenn's so weit ist«, sagt Tante Hilma mit düsterer Zufriedenheit, und auch Großmutter lächelt wie bei einer süßen Rache:

»Rein gar nichts, merk dir das.«

In dem weißen Gewand wird der Mensch in eine Kiste gelegt,

die Sarg heißt, und der wird in die Erde gelassen, zugeschüttet und kriegt einen Marmorstein obendrauf.

»Der Stein kann auch aus Granit sein«, sagt Tante Hilma.

»Aber meistens ist er aus Marmor«, sagt Großmutter.

Und Tante Hilma:

»Früher war er aus Marmor, heute ist es meistens Granit.«

Und Großmutter:

»Früher wurde nur ein Holzkreuz hingestellt.«

Und Tante Hilma:

»Früher gab es aber auch schon Kreuze aus Marmor. So wie heute noch.«

Zu Weihnachten schenkt Tante Ulla ihr *Die Toten von Spoon River*, ein Buch mit Geschichten über die Verstorbenen einer amerikanischen Kleinstadt, und kaum sind die Feiertage um, geht sie mit einem Notizheft auf den Friedhof Malmi.

Trotz der Kälte in den Fingern sitzt sie bis zum Einbruch der Dunkelheit vor den Gräbern und schreibt.

Die Zweige raureifglitzernder Birken hängen über die matschigen Wege, bis die Nacht alles verschluckt.

Mit knurrendem Magen und feuchter Kleidung findet sie zum Ausgang zurück.

Doch das Tor ist abgeschlossen.

Vor Schreck knicken ihr die Beine weg.

Auf dem Friedhof ist es duster. Die Grabsteine scheinen im schwachen Licht des benachbarten Stadtteils Viikki anzuschwellen, die Birkenzweige lassen dicke Wasserperlen in ihren Mantelkragen tropfen.

Sie hat weder Angst vor den Toten noch vor Dunkelheit oder Einsamkeit.

Sie hat Angst vor dem Moment, der sie dazu zwingt, den

Mund aufzumachen und ein lächerliches, pathetisches Wort herauszupressen: Hilfe.

Und dann verschwinden die Särge und Gewänder angeblich irgendwie im Laufe der Jahre, und da verstehe ich nicht, wie die Blumen den Toten gehören können, wenn doch unter den Steinen gar keiner mehr liegt, wie mir Großmutter und Tante Hilma um die Wette versichern.
»Aber wo sind die Toten denn hin?«, frage ich.
Der Wind rauscht, das Eichhörnchen kratzt an der Borke der Föhre, die Antwort bleibt aus.
»Wo sind sie hin?«, wiederhole ich.
Tante Hilmas und Großmutters Blicke treffen sich kurz über meinem Kopf, ich merke es genau.
»Sieh doch mal nach, wo das Eichhörnchen ist«, schlägt Großmutter vor, und Tante Hilma:
»Ja, frag das Eichhörnchen, ob es was von deinem Butterbrot abhaben will.«
Ich bleibe sitzen.
»Was ist mit den Toten?«, frage ich.
Großmutter fummelt am Verschluss ihrer Handtasche, zwei Fischschwänzen aus Messing, und Tante Hilma streckt ihr kaputtes Bein aus.
»Tja«, sagt Tante Hilma bedächtig, »wenn das mal jemand so genau wüsste.«
»Gute Menschen kommen nach dem Tod zu Gott in den Himmel«, sagt Großmutter und sieht Tante Hilma scharf von der Seite an.
Tante Hilma gähnt,
und

auf einmal wird ihr klar, dass Großmutter und Tante Hilma beim Tod unterschiedlicher Meinung sind, es aber vor ihr verbergen wollen. Und dass der Tod eine Angelegenheit ist, über die niemand etwas Genaues sagen kann.

»Da oben gibt es Wolken«, sagt Tante Hilma und sieht uns dabei nicht an, weder Großmutter, die so tut, als halte sie nach dem Eichhörnchen Ausschau, noch mich. »Und über den Wolken gibt es weiß Gott wie viel Leere und Stille, und dann kommen irgendwann die Sterne.«

»Das hat man alles noch gar nicht richtig untersucht, das Gebiet der Sterne«, sagt Großmutter geheimnisvoll.

»Und dort ist der Himmel?«, frage ich.

»Aber von da rauscht man sofort wieder durch die Wolken durch«, wirft Tante Hilma ein, »also, wenn man sich da aufhalten will …«

»Wie, aufhalten?«, frage ich.

»Wenn man noch aus Fleisch und Blut ist, dann schon, aber wenn man nur noch eine Seele ist, dann nicht«, sagt Großmutter.

»Du bist nun wirklich aus Fleisch und Blut«, sage ich zu ihr, weil ich vermute, dass Großvater jetzt genau so was zu ihr sagen würde.

»Es gibt so vieles, das noch nicht erforscht ist«, murmelt Großmutter, und darauf ich:

»Die Wege des Herrn zum Beispiel.«

»Die Forschung kommt voran, dass es nur so rauscht«, widerspricht Tante Hilma, erhebt sich von der Bank und streicht über ihr Kleid und das kaputte Bein. »Weltraumnebel, Gaswolken und so.«

Ihre eigene Spoon-River-Anthologie wurde nie fertig, aber die Friedhöfe blieben immer Teil ihres Lebens.

Da war der Friedhof in Ilomantsi, dessen moosige, mit Kiefernnadeln bedeckten Wege sie als junge Schriftstellerin abschritt und sich den Kopf zerbrach, was sie auf ihrer ersten Matinee sagen sollte.

Sie stellte ihre Arbeitstasche ab, lehnte den Kopf an eine düster rauschende uralte Fichte, sog die herbe Herbstluft ein, schloss die Augen, wurde ruhig.

Da war der Friedhof in Lappeenranta mit der Eberesche, an der die Beerendolden reiften, und der kleinen Bank darunter.

Auf dieser Bank saß sie mit ihrer ersten Liebsten, in erdrückender Hitze und erstickender Eifersucht.

Die Trennung lag schon zwei Jahre zurück, doch erst jetzt, wo die Liebste ihr erzählte, sie sei schwanger, spürte sie die Endgültigkeit, mit der die Liebste sich von ihr abschnitt.

Und trotzdem blätterte sie tapfer mit ihr in einem Verzeichnis und suchte nach einem Vornamen für die kommende Trennung.

(Das Kind wurde ein Mädchen und bekam den Namen, den sie gemeinsam unter der Eberesche ausgewählt hatten.)

Ich strecke die Hand aus und locke das Eichhörnchen mit meinem Butterbrot.

Es hüpft näher heran. Seine schwarzen Augen glänzen, und ich kriege Angst.

Ich schleudere das Brot weit weg. Es klatscht an einen Grabstein und fällt zwischen die roten Blumen mit dem saftigen Stängel.

Ich laufe hinter Großmutter und Tante Hilma her, die gemächlich zum Ausgang gehen,

der zehn Jahre später eine ungemütliche Stunde lang zu ihrem Gefängnistor wird.

»Hast du dein Brot dem Eichhörnchen gegeben?«, fragt Großmutter.
»Ja.«
»Und es hat das Brot angenommen?«, hakt Tante Hilma nach.
»Ja«, antworte ich und starre konzentriert geradeaus, damit ich niemandem in die Augen sehen muss.
»Sieh mal einer an«, staunt Großmutter.
»Eigentlich essen die kein Butterbrot«, bekräftigt Tante Hilma.
Großmutter bleibt stehen, um sich mit ihrem Stofftaschentuch den Schweiß vom Hals zu wischen, dabei werden die Birkenzweige von einem kühlen Wind zerzaust.
»Hier geht's auch für uns irgendwann hin«, sagt Großmutter zufrieden und lässt den Blick über das Grabsteinmeer wandern, als wäre es eine großzügige und luftige neue Wohnstätte.
»Und wahrscheinlich schon ziemlich bald«, sagt Tante Hilma, deren Gesichtsausdruck genauso zufrieden ist.

Da war der Friedhof in Opatija, dessen weiße Flut aus Kreuzen blau im Augustmondlicht schimmerte.
In die Kreuze waren die eingeschweißten Fotos der Toten eingelassen, und, umgeben von den Blicken jugoslawischer Hausfrauen mit kräftigen Haaren, ließ sie den Kopf auf die Schulter ihrer zweiten Liebsten sinken.
Die aber sah verträumt über sie hinweg und summte irgend-

eine Melodie, die ihr gerade in den Sinn kam, denn ihre zweite Liebste ähnelte ihrer Mutter.

Da war die Nekropole der Reichen von Buenos Aires: enge Pflastergassen, gesäumt von edlen Marmorkapellen, so weit das Auge reichte.

Die Hitze war sengend, aber neben einem in ewige Betrübtheit versunkenen Engel fand sie ein schmales Stück Schatten.

Über den Marmorsarg mit schützenden Bronzeschwertern und Goldgravur trippelte eine Ratte, schnupperte an den Überresten lang verwelkter Blumen und glitt hinter den Sarg.

Da war der irische Friedhof, dessen keltische Kreuze zum Meer blickten. Der Atlantik schlug seine weißen Schaumzähne unablässig in die Uferböschung und verschlang Stein um Stein, Halm um Halm, so wie er auch viele Tote verschlungen hatte, nach denen die wasserwärts ausgerichteten Kreuze vergeblich Ausschau hielten.

Zwischen den Gräbern wuchs Schnittlauch, den die Angehörigen der Verstorbenen mit kleinen Nagelscheren ernteten.

»Willst du denn sterben?«, frage ich Tante Hilma, als wir im Bus sind.

Ich sitze auf Großmutters Schoß, wegen ihres dicken Bauchs ist es eng und unbequem.

»Ach mein Kind, irgendwann müssen wir doch alle gehen«, antwortet Tante Hilma.

»Ja, aber willst du das?«, beharre ich.

»Schluss jetzt, so was fragt ein Mädchen nicht«, schaltet Großmutter sich ein und versucht, ihre Hände vor meiner Brust zu kreuzen.

»Doch, eins«, sage ich und sehe Tante Hilma fest an.

Sie scheint nachzudenken.

»Tja«, sagt sie lachend, »eigentlich wäre es ganz schön, wenn ich noch hundert, zweihundert Jahre leben könnte.«

»Aber was dann?«, bohre ich weiter, und Tante Hilma blinzelt irritiert.

»Wie, was dann?«

»Was passiert danach?«

Tante Hilma lacht und sieht zu Großmutter.

Großmutter schaut aus dem Fenster in die vorüberziehende Landschaft und kommt Tante Hilma nicht zu Hilfe, obwohl Tante Hilmas Blick darum bittet.

»Danach? Dann heißt es aus die Maus, ab in den Sarg und Deckel zu«, sagt Tante Hilma schließlich.

Und nun schaut auch Tante Hilma konzentriert aus dem Fenster, wo Strom- und Telegrafenmasten vorbeiflackern.

Aber ich gebe nicht auf:

»Und wenn du niemals sterben müsstest?«

Tante Hilma schweigt.

»Wenn du ...«, beginne ich.

»Wenn ich bis ans Ende der Zeit leben würde?«, vollendet Tante Hilma meinen Gedanken,

und

jetzt bereut sie ihre Frage.

Tante Hilma hat laut ausgesprochen, was sie eigentlich fürchtet: das Ende der Zeit.

Ihr wird übel vor Verwirrung, und das Gefühl ist so stark, dass sie sich mit weißen Fingerknöcheln an der Lehne festhalten muss, denn sie stürzt aus Raum und Zeit in eine Tiefe, die keine Grenzen kennt, hinab in die Unendlichkeit.

Die gefährlichen Spiele vor dem Einschlafen beherrscht sie schon gut.

So kann sie sich etwa die folgende Frage stellen: Was wäre, wenn es nichts gäbe?

Sie kann sie korrigieren: Was wäre so schlimm daran, wenn es nichts gäbe?

Und

die von Tante Hilma ausgesprochene Frage gehört auch dazu: Was, wenn die Zeit an ihr Ende käme?

Sie hat bereits gehört, dass es das Weltall gibt.
   Und das Weltall endet nie.
   Aber was ist dahinter?
   Nichts?
   Aber was bedeutet *nichts*?

Sie hat Mutter gefragt (während die eine Laufmasche an ihrer Nylonstrumpfhose mit Nagellack gestoppt und die Ballade von der Burg Olavinlinna gepfiffen hat), ob es auf der Welt irgendetwas gibt, das nie endet.

»Ach Kind, alles endet irgendwann«, sagte Mutter zerstreut.

»Auch das Weltall?«, fragte sie, und Mutter, die weiter auf ihre Strumpfhose sah, bekam nicht mit, dass sie die Tischkante umklammerte.

»Doch, auch das hört bestimmt irgendwo auf.«

Wenn nachts die Geräusche hinter ihrem Bettvorhang verklungen sind, versucht sie, sich die Grenze vorzustellen, an der die Zeit und das Weltall enden, hinter der es nichts mehr gibt, nicht einmal Leere, und wenn ihr das für den Bruchteil einer Sekunde gelingt, stürzt sie wieder hinab in die Tiefe, und das Gefühl ist so stark, dass sie sich an der Bettkante festhalten muss.

Und nach dem Sturz hämmert ihr Herz, und ihre Stirn ist klatschnass, und erschöpft und erleichtert kehrt sie zurück in Raum und Zeit.

»Mutter hat gesagt, die Zeit endet nie«, lüge ich.

Tante Hilma blinzelt noch einmal heftig und bittet Großmutter erneut um Hilfe.

Und die macht überraschenderweise mit:

»Für den Menschen endet die Zeit irgendwann, für Gott aber nie.«

Ich verstehe die Antwort nicht, aber Großmutters Tonfall sagt mir, dass ich das besser für mich behalte.

»Und zweihundert Jahre würde ich in diesem Zustand ja sowieso nicht mehr schaffen«, sagt Tante Hilma versöhnlich. »Aber wenn ich ein junges Ding und noch in Form wäre und mein Bein gesund, warum nicht ...«

Und weil ich bezweifle, dass ich später, wenn ich groß bin, die Unsterblichkeit erfinden kann, beschließe ich, ein Medikament zu erfinden, die die Alten wieder jung macht,

denn

aus irgendeinem Grund vertraut sie blind auf ihre Kraft, die sie eigentlich noch gar nicht kennt, deren Aufblühen sie aber schon spürt: ihre Fähigkeit, Alter in Jugend zu verwandeln, Enttäuschung in Glück, Armut in Reichtum.

Vielleicht richten die Erwachsenen, die sie wie eine ruhige, aber wachsame Mauer umgeben, den Blick ganz unbeabsichtigt auf sie, hungrig und erwartungsvoll.

Vielleicht ist sie eine Märchengestalt mit prall gefülltem Geschenkebeutel:

Töchterlicher Erfolg für ihren Vater, Schnaps für Großvater, Ewigkeit für Großmutter, Spielglück für Tante Ulla und ein sportliches Mädchen für Mutter; ein Feiertag für alle, die am Montag nicht zur Arbeit wollen; flinke Beine für Beeinträchtigte und pralle Jugend für die, die in ihrer runzeligen Hülle keine zweihundert Jahre mehr schaffen.

Der Friedhof auf Kreta liegt oberhalb der Stadt an einem Berghang.

Ich besuche den Friedhof mit meiner Tochter.

Die Pinien duften, die Gespräche anderer Besucher plätschern leise vor sich hin, und das Meer, dem erst das türkische Ufer eine ärgerliche Grenze setzt, rauscht friedlich unter uns.

Wir spazieren Aprikosen essend zwischen den Gräbern umher, und als ich von Freud und Jung erzähle, hört meine Tochter, die erst knapp der ödipalen Phase entwachsen sein dürfte, interessiert zu.

Plötzlich schieben sich Wolken vor den Mond.

Es ist stockdunkel, ich sehe den Weg nicht mehr.

»Na so was, nun ist es aber duster«, sage ich. »Wie finden wir jetzt bloß den Ausgang?«

»Es ist doch gar nicht duster«, höre ich meine Tochter sagen; ihre Stimme entfernt sich. Ich folge ihr und stoße mit der Hüfte gegen einen Grabstein.

»Warte!«, rufe ich ihr nach. »Ich kann nichts sehen!«

»Erzähl nicht so einen Quatsch!«, höre ich meine Tochter sagen. »Das ist nicht lustig.«

In der überraschenden und demütigenden Dunkelheit meines mittleren Alters taste ich mich zu meiner Tochter vor, die nach langem Bitten meine Hand nimmt und mich, einen unsicher gewordenen Ödipus, vom Friedhof auf die beleuchtete Touristenstraße führt.

Und es gibt den Friedhof Hietaniemi, auf den sie vor dem Nachmittagslärm der Mechelininkatu flüchtet, sie ist bereits etwas älter und der Dinge ein wenig überdrüssig.

Hier sind die Gräber wahre Installationen – aus Schwertern und römisch anmutenden, in Marmor gravierten Soldatenhelmen, Eisenketten und gigantischen Findlingen mit bronzenen Reliefs, aus pingelig geharkten Wegen und Blumenarrangements.

Auf einem glattgeharkten und mit einer Gliederkette umzäunten Sandviereck sitzt ein Hase, der sie skeptisch beäugt, ein paar Kötel zum Andenken an den Verstorbenen hinterlässt und rasch davonspringt.

Zwischen Köteln und Anemonen, eingezwängt von mächtigen Marmorgräbern, steht ein kleiner, kniehoher schwarzer Stein mit frisch vergoldeter Gravur: Wilhelm Maximilian Rosenbaum, 18.3.1871–9.4.1873.

Der kleine Wilhelm Maximilian, der sich vor hundertfünfzehn Jahren eine zweijährige Spanne aus der Ewigkeit herausgeschnitten hat, wird weder Freiheit noch ewiges Leben finden, weil eitle Menschen, die von seinen Ängsten, Wünschen und seinem Todeskampf nichts wissen, ihn mit sinnlosen goldenen Fesseln hier festhalten.

Malbrough zieht in den Krieg

Mutter hat keine besondere Herkunft.

Aber für Herkunft und Verwandtschaft interessiert sie sich auch gar nicht.

»Verwandte kann man sich nicht aussuchen, Freunde schon.«

Sie interessiert sich fürs Singen.

Bevor Mutter anfangen muss, bei Irja Markkanen im Laden zu arbeiten, singen wir oft zusammen.

Mutter kennt wahnsinnig viele Lieder aus der Zeit, als sie in der Band der Finnisch-Sowjetischen Gesellschaft gesungen und getanzt hat.

Die Lieder haben merkwürdige Titel aus unverständlichen Wörtern:

Mandschurische Höhen, Ahoi Mannschaft, Slawin aus Moldawien, Oh Traubenkirschenduft, Warschawjanka.

»Ahoi, wir verlassen die Heimat! Nun geht es hinaus in die Weite«, singt Mutter und sieht aus dem Fenster.

Dieses Lied wird auch immer gesungen, wenn die ehemaligen Mitglieder der Band sich bei uns treffen und wir Kinder aneinandergequetscht quer im Bett liegen müssen, damit alle auf die Matratze passen: Malla und Immi und Jammu Jerrmanni,

Risto Forssell, Seppo und Markku Järvi und ich, das einzige Einzelkind.

Bis auf Malla und Seppo sind wir alle innerhalb von drei Wochen zur Welt gekommen, weshalb wir oft verglichen werden.

Ich lerne als Letzte laufen und als Erste sprechen.

Risto und Markku sind nach Ansicht ihrer Väter zu wild, und ich bin nach Ansicht meines Vaters zu still.

»Die dürfte ruhig lebhafter sein, dann kommt sie besser durchs Leben«, findet er.

Die Väter von Risto und Markku hätten lieber eine stille Tochter, die sie aber nicht kriegen.

Ristos Eltern kriegen allerdings noch Antti, ein ängstliches Frühchen, und danach den kleinen Pentti. Und Markkus und Seppos Eltern kriegen Kimmo, der viel jünger ist als wir, weshalb er fast als Einzelkind durchgeht.

»Genossen haben volle Gläser; erinnern sich an ihren Freund«, singen die Erwachsenen.

Und:

»Feindliche Stürme durchtoben die Lüfte, drohende Wolken verdunkeln das Licht. Mag uns auch Schmerz und Tod nun erwarten, gegen die Feinde ruft auf uns die Pflicht.«

Und:

»Durch Berg und Tal auf der Partisanenstraße, die Truppen des Atamanen besiegen.«

Und:

»Jugend aller Nationen, uns vereint gleicher Sinn, gleicher Mut! Wo auch immer wir wohnen, unser Glück auf dem Frieden beruht.«

Und:

»Vorwärts, vorwärts die Straße der Schlachten, Seite an Seite, Schwestern und Brüder.«

Heinänens schlagen nebenan die Faust an die Wand, aber die Band lässt sich nicht bremsen.

»Lasst uns leiser singen«, sagt Mutter.

Doch Vater will nicht leiser singen, weil Heinänens sich einen Plattenspieler gekauft haben und nachts stundenlang ihre einzige Schallplatte hören, *Die Brücke am Kwai*.

»Dann könnten auch die Kinder schlafen«, sagt Mutter.

Aber wir schlafen nicht: Wir hören zu. Und genießen es.

Die Erwachsenen singen etwas leiser weiter:

»Schöne Slawin aus Moldawien, du bist klug und voller Ehr, in dem Garten wirst du warten, bis vom Krieg ich heimwärts kehr.«

Und Mutter singt am allerschönsten.

Und zu ihrer schönen, tiefen Stimme schlafe ich ein.

Mutter singt besser als ich und ist schöner als ich.

Ich kann nie so schön werden wie sie, weil ich später so aussehe wie Tante Ulla, schließlich haben wir auch das Sternzeichen Widder gemeinsam.

»Die wird niemals heiraten«, sagt Vater und zeigt mit dem Finger auf mich. »Genauso ein Dickschädel wie ihre Tante. So eine will doch keiner.«

»Natürlich will die jemand«, sagt Mutter und nimmt mich auf den Schoß. »Und wenn die Zeit so weit ist und wir Großeltern werden, kriegt Pirkko für uns ganz viele Kinder, nicht wahr?«

Und

sie ist zu ergeben für eine Erwiderung, weil sie sich an Mutters Blusenstoff schmiegt und gierig den Geruch einsaugt: Maiglöckchen, Wärme, Flieder, Schweiß und noch etwas anderes,
und erst

viel, viel später erkennt sie es als den Geruch einer Frau, die sich ihrer selbst und ihres Körpers bewusst ist.

Mutter interessiert sich auch für Schauspielerei. Bevor sie in die Band eingestiegen ist, probierte sie es beim Arbeitertheater im Stadtteil Vallila, musste die Gruppe aber verlassen, weil sie ihre Sätze nicht ohne zu lachen aufsagen konnte.

Mutter lacht oft, sogar dann, wenn sie erzählt, dass Regisseur und Schauspieler Arvi Tuomi sie wegen ihres Lachens rausgeworfen hat.

Arvi Tuomi ist der Vater von Liisa Tuomi, und für Liisa Tuomi interessiert Mutter sich am meisten.

Wir schauen uns ihr Foto in der Filmzeitschrift *Elokuva-aitta* an, und wirklich, Liisa Tuomi sieht aus wie Mutter, dunkelhaarig, gelockt und fröhlich.

Liisa Tuomi tanzt und singt wie Mutter, also könnte auch Mutter an ihrer Stelle die Rolle von Annie, der Meisterschützin, spielen.

Mutter kennt alle finnischen Theaterfamilien, sie heißen Jurkka, Roine, Rinne und Palo.

Mutter weiß sogar Dinge, die die Filmzeitschrift und das *Seura*-Magazin nicht verraten: wie schrecklich hoch der Preis sein kann, den man für die Erarbeitung einer Rolle zahlt.

Und Mutter nimmt mich auf den Schoß und erzählt mir von Feierlichkeiten, die brav in hell beleuchteten Restaurants beginnen, wo man Champagner und Wein aus feinen Gläsern mit langem Stiel trinkt, die aber oft in nächtlichen Kellern enden, wo direkt aus der Flasche gesoffen und sich geprügelt wird und sogar Schlimmeres stattfindet. Erst wird vielleicht nur laut gesungen und getanzt, sodass die Vorhänge wackeln, aber gerade hinter diesen Vorhängen kommen die Frauen dann leicht durcheinander. Nachts scheint das alles noch ein großer Spaß zu sein, doch morgens haben viele ein kalkweißes Gesicht.

Und denen kann es gehen wie Rauli Tuomi, der sich zum Entsetzen seiner Schwester Liisa Tuomi erschossen hat, vielleicht wegen seiner übergroßen Sensibilität, vielleicht wegen des Alkohols.

Aber vielleicht auch, weil er einen Schriftsteller spielen musste, der stirbt, kaum dass er gesagt hat: Ich lebe.

Und während Mutter mir von Rauli Tuomi und weiteren Mitgliedern der großen Theaterfamilien erzählt, drückt sie mich fest an ihre Brust.

»Und denk dran, Kinder müssen ihrer Mutter alles erzählen, wirklich alles, ja?«

Doch gleich darauf setzt sie mich auf den Boden, summt etwas und sieht mich spöttisch an:

»Man darf anderen Menschen aber nie restlos alles von sich erzählen, man muss sich immer ein kleines Geheimnis bewahren, verstehst du?«

»Ja«, sage ich,

und

es kann sein, dass ich es tatsächlich verstehe.

Mutter selbst kann Geheimnisse nicht gut bewahren; sie ist zu begeistert von allem.

Schon Wochen vor meinem Geburtstag wird sie unruhig.

Wenn ich sie nichts frage, sagt sie irgendwann von sich aus: »Großmutter hat ein teures Geschenk für dich gekauft.«

»Was ist es denn?«, frage ich.

Und Mutter lacht fröhlich.

»Das darf ich doch nicht verraten, das würde Großmutter doch kränken.«

Abends kann ich nicht einschlafen und muss Mutter zu mir hinter den Vorhang in meine Bettnische bitten.

»Was hat Großmutter denn nun für mich gekauft?«

Mutter streichelt mir die Stirn und lacht wieder.

»Das darf ich doch nicht erzählen.«

Doch zwei Tage danach zeigt Mutter mir mit den Händen, wie groß das Geschenk ist, und weil ich schon zur Schule gehe und lesen kann, erfahre ich auch den ersten und den letzten Buchstaben des Geschenks, P und E.

Ich errate sofort, dass es eine Puppe ist.

Mutter wirkt enttäuscht. Aber ihre Hände, die noch vor zwei Tagen die Länge eines mittelgroßen Hechts in die Luft gemalt haben, nehmen jetzt Maß vom Boden bis zu meinem Kinn, denn die Puppe ist fast so groß wie ich.

Zwei Wochen lang träume ich von meiner Puppe.

Bei Elanto in der Aleksanterinkatu gibt es eine Schaufensterpuppe, die einen Matrosenanzug trägt.

»Ist meine Puppe so groß wie die?«, flüstere ich Mutter zu, damit Vater, der beim Abendspaziergang dabei ist, nichts mitbekommt.

»Größer«, flüstert Mutter.

»Ist sie ein Junge?«

»Jaja«, sagt Mutter zerstreut.

Die Puppe, die ich dann zu meinem zehnten Geburtstag bekomme, hat die Maße eines mittelgroßen Hechts.

Aber ich bin groß genug, um zu wissen, dass sie teuer war.

Ich mache einen Knicks für Großmutter und gehe aufs Klo,

um den Kloß hinunterzuschlucken, der sich in meiner Kehle festgesetzt hat.

Die Puppe ist weder ein Junge noch ein Mädchen, zwischen ihren Beinen ist einfach nichts. Trotzdem nenne ich sie Mikko.

Sipa, die Tochter des Hausmeisters, hat die gleiche. Bei ihr heißt sie Marianne.

Weil Mutter keine echte Schauspielerin ist, gibt es für sie nachts auch keinen Trubel hinter Kellervorhängen und keine Verwechslungen mit anderen Ehefrauen.

Dafür hat Onkel Veikko geschauspielert und im Theater von Varkaus echte Operettenrollen gehabt, so lange, bis er in den Krieg musste und anschließend Installateur für Kühlmaschinen wurde.

Kein Wunder, dass Onkel Veikko fast die gesamten Fünfzigerjahre über heftig trinkt; erst als er an die Adventisten gerät, ist damit ein für alle Mal Schluss.

Bevor ich meinen Onkel, meine Cousine und meinen Cousin kennenlerne, sind die Fünfzigerjahre schon fast zu Ende, ich gehe bereits zur Schule, und die Familie meines Onkels ist gläubig geworden.

Onkel Veikko ist klein und dunkelhaarig wie Mutter, auch fröhlich ist er, aber auf eine nervösere Art als Mutter.

Er kann nicht still sitzen, läuft immerzu zwischen Tisch und Bücherregal umher und erzählt ununterbrochen witzige Sachen.

Und seine Familie und Tante Ulla und Mutter und ich lachen darüber, denn uns ist klar, er spielt hier gerade seine Paraderolle.

Vater sagt, Onkel Veikkos Fröhlichkeit hängt damit zusammen, dass er mit dem Trinken und dem Rauchen gleichzeitig aufgehört hat, das ist eine derart nervenaufreibende Kombination, das übersteht keiner.

Vater findet, es gehört sich nicht, lachend und schwitzend im Zimmer rumzurennen. Der Mensch hat auf dem Stuhl zu sitzen, wie alle anderen auch, und über Autos oder Politik zu reden.

Ein korrekter Mensch, das ist das Höchste, was Vater über einen Menschen sagt.

Ein korrekter Mensch ist immer ein Mann.

Über Frauen sagt er: Das ist mal eine! Und so eine soll auch ich später werden.

Das ist mal eine! ist eine, die schlagfertig und temperamentvoll ist und nichts auf die Meinung anderer gibt, außer auf Vaters.

Das ist mal eine! ist eine Doktorin der Wirtschaftswissenschaften oder Bergbauingenieurin, sie könnte aber auch eine Sängerin oder Eiskunstläuferin sein, wie die, die Vater über die Finnisch-Sowjetische Gesellschaft kennengelernt hat, und dann heißt es: Das ist mal eine, *und* aus der Sowjetunion!

Das-ist-mal-eine-Frauen faseln nicht von ihrer Arbeit und steigern sich nicht in ihre Rolle hinein, wie die Leute aus Mutters versoffenen Schauspielerfamilien es tun, sodass die anderen gar nichts mehr kapieren. Nein, sie nehmen, was kommt, ganz wie es sich gehört: Kaffee, wenn er ihnen angeboten wird, und die anderen Menschen so, wie sie halt sind.

Zu Weihnachten erinnern sich Mutter, Tante Ulla und Onkel Veikko oft an ihre Mutter, die meine und Seppos und Marja-Leenas Großmutter gewesen wäre, wenn sie es geschafft hätte zu leben, bis wir zur Welt kamen.

In ihren Erinnerungen ist meine Großmutter ständig am Singen, hell und klar, niemand aus Ahlströms Papierfabrik hat je so einen Gesang gehört. Als Großmutter starb, hieß es, jetzt sei im Haus der Gesang für immer tot.

Oder sie erinnern sich daran, wie Großmutter sich aufgeregt hat über die Ungehorsamkeit ihrer Kinder oder die Ungerechtigkeiten in der Gesellschaft.

Dann holte sie die Rute oder hisste die rote Fahne, und sofort war Schluss mit dem Spaß, für die Kinder und überhaupt für alle in Ahlströms Papierfabrik.

Auf alten Fotos ist meine Großmutter eine dünne, ernste Frau, und ihre scharfen Nasenflügel hat sie an sämtliche Kinder, Enkel und Urenkel weitervererbt,

und

das Erste, was nach dem Kaiserschnitt an dem kleinen, in glänzende Folie gewickelten Töchterchen ins Auge fällt, sind die scharfen, aufgeregten Nasenflügel, die fest und weiß aus dem rot geschwollenen Gesicht herausstechen.

Vor ihrer Hochzeit hieß diese mir unbekannt gebliebene Großmutter Anna Maria Mamia, und sie kam aus der heute russischen Region Kuolemajärvi. Am Anfang ihres Lebens hat sie so gelebt, wie sie wollte, später so, wie sie konnte, und hat einen hohen Preis dafür gezahlt.

Mit siebzehn verliebte Anna Maria sich in einen reisenden Künstler namens Lindström.

Er malte Flusslandschaften an die Wände von Arbeitervereinshäusern, war also eine Art Freskenmaler.

Anna Marias Eltern waren nicht gerade begeistert von den Heiratsabsichten ihrer Tochter, falls sie überhaupt so genau Bescheid wussten, und eines Nachts (der Mond schien; anders konnte es nicht sein) brannte Anna Maria mit Lindström durch.

Sie heirateten in Varkaus und bekamen während der kurzen Zeit ihres Zusammenlebens zwei Kinder, Hilkka und Veikko.

Neunzehnhundertsiebzehn, im Bürgerkrieg zwischen den weißen Bürgerlichen und den roten Kommunisten, schloss Lindström sich den Roten an, kämpfte, verlor und floh nach Russland.

Im Jahr neunzehnhundertzweiundachtzig wurde er offiziell für tot erklärt.

Onkel Veikko war zu dem Zeitpunkt um die Sechzig und brachte die Kunde an Ullas Sterbebett.

Tante Ulla lag abgemagert im Meilahti-Krankenhaus und fürchtete jede noch so kleine Bewegung und alles, was ihren krebsgemarterten Körper quälte.

»Jetzt bin auch ich ein Waisenkind«, sagte Onkel Veikko, der inzwischen wieder trank, und donnerte scherzhaft die Faust auf das Kopfende des Krankenhausbetts.

»Nicht!«, flüsterte Tante Ulla mit trockenen Lippen. »Nicht wackeln, verdammt noch mal.«

Nach dem Tod ihres Vaters fand sie in der Kleiderkammer in der Hämeentie einen Bastkorb mit alten Dokumenten.

Aus einem ging hervor, dass Anna Maria Mamia bei der Hochzeit mit Lindström, einem Arbeiter ohne Schulabschluss, vierundzwanzig Jahre alt gewesen war, und Lindström neunzehn.

Es kann also gar nicht sein, dass Anna Maria mit siebzehn

durchgebrannt ist, denn dann wäre Lindström gerade mal zwölf gewesen,
 aber

diese neue Tatsache lässt sie keineswegs Abschied nehmen von dem Bild der Siebzehnjährigen mit großen Augen und scharfen Nasenflügeln, die in einer Augustnacht mit Vollmond (reife Roggenähren nickten ihr im Morgengrauen ein letztes Mal die Verlockung eines abgesicherten Lebens zu) ihr Zuhause, ihre Eltern und alles Bekannte zurückließ, um dem Ruf einer bedingungslosen Liebe zu folgen und in die lange, graue Reihe der Ahlströmschen Fabrikarbeiterinnen zu treten.

Anna Maria war ein stolzes Mädchen, was die Fotos und die Nasenflügel belegen, und ist nach dem Verschwinden ihres Mannes nicht zu ihren Eltern zurückgekehrt, sondern in Ahlströms Papierfabrik in Varkaus geblieben.
 Aber auch Stolz hat seine Grenze, und die gibt das Geld vor.
 Eines Nachts bekam Anna Maria Besuch. (In dieser Nacht schien der Mond nicht, in so einer Nacht ist das nicht gestattet.)
 Der Besuch kam aus Russland und erzählte ihr, dass Lindström in einem Gefangenenlager an Hunger gestorben sei.

Den Erzähler dieser Szene kann sie nicht klar benennen.
 Gut möglich, dass sie sich diese Szene ausgedacht hat.

Anna Maria war jetzt Witwe, Witwe eines Mannes, der sehr lange nicht offiziell für tot erklärt wurde.
 Und sie und ihre Kinder lebten und brauchten Brei, Woll-

strümpfe, Holz für den Ofen, Seife für die Sauna, Ordnung und männlichen Schutz.

Den fand Anna Maria bei August Aleksander.

August Aleksander war ebenfalls verwitwet, leitender Holzarbeiter und rund zwanzig Jahre älter als Anna Maria, zudem lieb und vom Kampf des Lebens schon zurückgetreten,

das erkennt man auf Fotos,

und so begann Anna Maria ein Leben an der Seite August Aleksander Mellbergs.

August Aleksander Mellberg ist Mutters Vater.
Ich habe ihn nicht mehr kennengelernt.

Er stammte aus der Küstenregion Ostbottnien, von wo er sich in die Region Savo mit ihren schlagfertigen und sprichwörterbewanderten Menschen verirrte, und dort ist er auch geblieben, sonderbar, still und gebrochen.

August Aleksander war der uneheliche Sohn einer ostbottnischen Magd, ihr zweites Kind. Und als er auf Anna Maria stieß, hatte er als Witwer für drei Kinder zu sorgen. Gemeinsam ließen sie sich in einem Zimmer mit Ofen nieder, das der Ahlströmschen Papierfabrik gehörte.

Die zwei älteren Kinder von August Aleksander waren schon ausgeflogen, als die gemeinsamen Kinder geboren wurden, meine Tante Ulla und meine Mutter Alli.

Das jüngste Kind von August Aleksander, Tochter Aino, starb an Lungentuberkulose, als Mutter drei war; Mutter stand mit runden Bäckchen auf dem Friedhof am Sarg, kleine Soldatenstiefel an den Füßen.

Sie war vierzehn, als sie zur Konfirmation ihrer Schwippcousine Pirjo nach Kolkontaipale in Ostfinnland geschickt wurde.

Die Verwandten, die sie nicht kannte, sahen sie neugierig an, und als sie den Blick auf ihre Schuhspitzen satthatte, hob sie den Kopf und sah zurück.

»Das Mädchen hat die Augen von August Aleksander!«

Und zur Erinnerung an ihren Besuch lösten die Verwandten ihr mit der Rasierklinge ein Foto aus dem Album, auf dem ein glatzköpfiger, lieber Mann in die Kamera schaute,

mit einem Blick so müde und niedergeschmettert, dass sie ihn erst Jahrzehnte später in ihrem Spiegelbild erkennen kann.

Anna Marias älteste Tochter Hilkka, meine Stieftante, ist in dem Fotoalbum, das Tante Ulla mir vererbt hat, mit zwei professionellen Aufnahmen vertreten.

Sie ist ein vitaler dunkler Typ mit schwarzen Haaren und scharfen Nasenflügeln, eine klassische Schönheit, der alle Frauen unserer Familie gern nahegekommen wären.

In jungen Jahren zog Tante Hilkka als Trapezkünstlerin mit einem Zirkus durchs Land, was alle Frauen der Familie gern getan hätten.

Doch im Arbeiterumfeld der Ahlströmschen Papierfabrik galt ein Leben im Zirkus als unschicklich, weshalb meine Großmutter Anna Maria die Briefe an ihre Tochter Hilkka zu Fuß nach Leppävirta brachte und das Postauto auf seiner Route abfing, um ihre Briefe dem Fahrer in die Hand zu drücken und sich den Gang aufs Postamt zu ersparen.

Aus den Dokumenten in Vaters Bastkorb sollte auch hervorgehen, dass Tante Hilkka während ihrer Zirkusjahre einen unehelichen Sohn namens Juhani bekam, der im Alter von achtzehn Monaten starb.

Mit dem Neugeborenen war sie in den Westen des Landes nach Turku gezogen, eine für die Familie merkwürdige Wahl.

Trotzdem wird sie sich nie von dem Bild der Straße in Leppävirta lösen, auf der ihre Großmutter – mit vom schnellen Gehen geweiteten Nasenlöchern – Briefe ins Postauto reicht, die an eine Trapezkünstlerin im Zirkus und nicht an eine im fantasietötenden Turku hockende Alleinerziehende adressiert sind.

Tante Hilkka erging es schließlich, wie es in dieser Welt allen hitzigen jungen Frauen mit scharfen Nasenflügeln ergeht.

Sie verliebte sich in einen Taugenichts, heiratete ihn, bekam mit ihm vier Kinder und starb noch in der Blüte ihrer Jugend an Lungentuberkulose.

(In ihrer Fantasie hatte diese mit dem leisesten Luftzug übertragbare Krankheit giftgrüne Flügel und verführerische kirschrote Lippen. Und scharfe, heftig geblähte Nüstern musste eine Lungenkrankheit natürlich auch haben.)

Sie gab ihrer Tochter den Namen Elsa, versehentlich, und wunderte sich später über diese Wahl, weil sie den Namen Elsa eigentlich nicht mochte.

Erst nahm sie an, den Namen vielleicht wegen Elsa Beskow gewählt zu haben, andererseits konnte sie deren Geschichten nicht besonders leiden; sie fand sie triefend und deprimierend.

Später ging sie davon aus, den Namen unbewusst wegen ihres verstorbenen Bruders Esa gewählt zu haben.

Doch

in Vaters alten Urkunden entdeckte sie einen einzeiligen Vermerk über eine in den Dreißigerjahren geborene Tochter Tante Hilkkas, die nur einen Tag gelebt und dank einer Nottaufe noch schnell den Namen Elsa bekommen hatte.

In den Fünfzigerjahren, als Tante Hilkka nach ihrer Lungentuberkulose schon über zehn Jahre im Grab lag – alle drei noch lebenden Kinder waren adoptiert worden –, tauchte an der Tür von Tante Ulla ein Mann auf, der sich als ein alter Schwager von ihr vorstellte.

Tante Ulla konnte sich entfernt erinnern, diesen charmanten, zerlumpten Kerl schon mal gesehen zu haben, der sie nun um ein Bett für nur eine Nacht bat.

Sie wohnte in der Dachkammer eines Einfamilienhauses in Pakila, nördlich der Stadt, und hatte keinen Grund parat, dem Mann seine Bitte abzuschlagen.

Und so lag sie gerade in ihrem Bett und der Schwager neben ihr auf der Matratze, die sie auf den Boden gelegt hatte, als die Suchmeldung nach einem aus dem Gefängnis Kakola entflohenen Mann im Radio lief.

Die Beschreibung, sogar der Name passten genau auf Tante Ullas alten Schwager,

und

sie konnte der Versuchung nicht widerstehen und malte sich aus, wie das helle, mit Traubenkirschenduft und Vogelgezwitscher angefüllte Juniabendlicht in Tante Ullas Dachkammer sich nach dieser Radiomeldung verändert haben mag.

In den Siebzigerjahren erschien eine Verwandte bei uns.

Es war die Cousine meiner Mutter, deren Mutter genau

wie meine Großmutter mütterlicherseits aus Kuolemajärvi stammte.

Sie klingelte einfach und schob sich samt Blumenstrauß, Nerzpelz und Erinnerungsschwall durch unsere Tür.

Mutter kochte Kaffee, tischte Schildkrötentörtchen von der Bäckerei Eho auf und erinnerte sich brav und beherrscht an die Vergangenheit, an die sie sich eigentlich weder erinnern konnte noch wollte.

Als die Cousine wieder ging, folgten an der Tür noch etliche Umarmungen und Schwüre, doch danach legte Mutter ihre Schürze ab, warf sich aufs Sofa und rauchte die erste Zigarette des Abends:

»Ich, ich und noch mal ich. Wäre die mal da gewesen, als wir sie gebraucht hätten.«

Als Mutter sieben Jahre alt war, starb August Aleksander während der Arbeit in seiner Holzhütte an einem Herzinfarkt.

Mutter erfuhr es auf den letzten Metern ihres Schulheimwegs:

»He, dein Vater ist gestorben!«

Mutter ging nach drinnen und wartete, bis in Ahlströms Fabrik die Klingel zum Feierabend schrillte und ihre Mutter nach Hause kam.

Die zog rasch Erkundigungen ein, und als sich bestätigte, was Mutter auf dem Heimweg gehört hatte, wurde eine Suppe aus getrockneten Blaubeeren gekocht, jedoch nicht über die Angelegenheit gesprochen.

Das Leben ging weiter, bis Mutters Mutter fünf Jahre später in einem Krankenhaus in Varkaus an einer unbekannten zehrenden Krankheit starb.

Der Winterkrieg zwischen Finnen und Russen dauerte bereits einen Monat, und das Krankenhaus füllte sich mit toten Helden und solchen, die es noch werden sollten, weshalb niemand dazu kam, der Todesursache einer fern der Front verstorbenen Fabrikarbeiterin auf den Grund zu gehen.

Anna Maria Lindström, geborene Mamia, hinterließ bei ihrem Tod zwei minderjährige Töchter mit dem Nachnamen Mellberg, einen Sohn an der Front, eine Tochter beim Zirkus, zwei Männer in Gräbern und eine Schar Verwandte im Kriegsgeschehen im karelischen Kannas, und insofern war es nachvollziehbar, dass niemand Zeit hatte, die fünfzehnjährige Ulla und die achtjährige Alli zu beschützen, als ein Vertreter der Ahlströmschen Fabrik den Mietvertrag noch am Tag der Beerdigung kündigte und den Tisch, die Kommode und alle Stühle für nichtgezahlte Mieten pfändete.

Mutters Verwandtschaft ist in ihrem Kopf längst zu einem aus Gerüchen, Licht, Annahmen und Fotos bestehenden reichhaltigen Humus zerfallen, als es eines Abends zu einer unvorhergesehenen Begegnung mit einem rothaarigen Mann kommt.

Es sind die frühen Neunziger, und sie befindet sich auf einem Schiff nach Stockholm.

Matt von Essen und Wein, sinniert sie in einer Ecke des Bordrestaurants zufrieden vor sich hin, weshalb sie den Mann, der unsicher an ihren Tisch tritt, nur knapp anlächelt.

Sie hält ihn für einen ihrer Leser und stellt sich auf einen kurzen höflichen Dialog und eine Buchsignierung ein, falls der Mann eine wünscht.

Doch der Mann stellt sich als ihr Cousin vor, der Sohn, den Hilkka zur Adoption freigab,

und

stumm starren sie einander an.

Zwischen ihnen rauscht mit azurblauer Leere der Weltraum, der den Schmerz, die Tränen und den Todeskampf, die Bluts- und Erbbande längst vergessen hat, und zu sagen haben sie sich nichts.

Mutters große verschwundene Verwandtschaft bringt unablässig Legenden hervor, rasche Fluchten, grausames Mondlicht, Zirkusvorstellungen, Unfälle, Fresken, sodass ich nicht einmal überrascht bin, als Mutter aus der *Apu*-Illustrierten ein Bild der englischen Königin Elisabeth ausschneidet und behauptet, die Königin würde Tante Ulla so eindeutig ähneln, dass sie ganz sicher mit uns verwandt sei.

Das Bild wandert über den Kaffeetassen, den Tellerchen mit Marmorkuchen und der Zuckerzange von Hand zu Hand.

Königin Elisabeth lächelt mit einem fest auf ihrer dunklen Dauerwelle sitzenden Diadem von ihrem Balkon.

Tante Ulla mustert das Bild erst belustigt, beugt sich dann aber näher: In den Fünfzigern hat sie noch keine Brille.

Und kurz darauf tut sie, als müsse sie aufs Klo, stoppt aber heimlich vor dem Spiegel im Flur und studiert ihr Gesicht.

Und

kaum einen Monat später ist Tante Ulla im Besitz einer stolzen Sammlung von Zeitschriftenbildern von Königin Elisabeth:

Die Königin weiht eine Talsperre ein.

Die Königin reitet mit ihrem netten, gut aussehenden Herzog durch die Heide.

Die Königin empfängt einen Franzosen mit großer Nase und flachem Schädel, es ist der Präsident.

Die Königin spielt vor einem Springbrunnen mit ihrer rundlichen, übellaunigen Tochter und ihrem glattgekämmten Sohn, der Segelohren hat.

Die Königin gibt sich die Ehre und führt die Hand zur kopftuchumschmeichelten Stirn.

Und

nun ist der Fall sonnenklar: Tante Ulla und Königin Elisabeth sehen aus wie Zwillinge und sind auf jeden Fall aus demselben Holz geschnitzt.

Warum soll es nicht auch einen Samen der weit verstreuten Verwandtschaft nach England verweht haben, oder noch weiter weg? Wo sie sich doch schon von Karelien nach Savo und von dort nach Russland, von Ostbottnien nach Savo und weiter nach Uusimaa und Satakunta verteilt hat, kreuz und quer im ganzen Land.

Und auf einmal fällt Tante Ulla ein Lied ein: *Malbrough zieht in den Krieg*.

Aber was für ein Krieg das war und zu welcher Zeit er stattfand, das fällt ihr nicht mehr ein.

Wir kochen einen starken Kaffee und denken scharf nach, ob Finnland irgendwann mal gegen England im Krieg gewesen ist.

Leider weiß es niemand, und

es wird noch über zehn Jahre dauern, bis im Bücherregal das *Große Lexikon* des Otava-Verlags steht, in dem sie alles, was Unklarheiten oder Streit verursacht, sofort nachschlagen können.

Was ihnen jedoch einfällt, ist, dass Finnland vor weit über hundert Jahren zu Schweden gehörte und Schweden die finnischen

Männer umstandslos an seine Kriegsschauplätze schickte, wie in dem Film *Sven Tuuva der Held*, mit Veikko Sinisalo in der Hauptrolle.

Und dann steigt ein Lied in Mutters Erinnerung auf, das sie in der Schule auswendig lernen musste:

Und der Ålandkrieg, der war fürchterlich, hurra, hurra, hurra, als mit dreihundert Schiffen die Engländer an unsere finnischen Ufer gefahr'n. Sunfa-raa, sunfa-raa, sunfa-ralla-lalla-laa, hurra, hurra, hurra!

Und

durch dieses Hurra schimmert eine Perle der Gewissheit, die Tante Ulla, Mutter und mich mit seidig hellem Glanz aus dem Dunkel der Geschichte hebt und an das englische Königshaus bindet.

Klüfte

Ich esse im Park ein Stück Kuchen aus saftigem, nassem Sand.

Es knirscht zwischen den Zähnen und kratzt im Hals, weshalb es bei dem einen Stück bleibt.

Abends mag ich keine Kartoffeln mit Soße essen, weil mein Bauch so schrecklich brennt, dass ich nur noch auf dem neuen Bettsofa liegen will, das wir gekauft haben, als Vater für seine Arbeit bei der Finnisch-Sowjetischen Gesellschaft noch Geld bekommen hat.

Nachts kriege ich hohes Fieber, und meine Bettnische füllt sich mit fremden Menschen, die lachen und rufen und im Kreis durchs Zimmer laufen, immer wieder.

Ein kleines Mädchen stampft mit dem Absatz ihres roten Schuhs auf und schreit über alle hinweg: Vorsitzender! Vorsitzender! Vorsitzender!

»Mutter ist hier, Mutter ist hier«, sagt eine gedämpfte Stimme hartnäckig.

Und als ich die Augen aufmache, ist das Mädchen mit den roten Schuhen verschwunden, und neben mir sitzt Mutter und befühlt besorgt meine Stirn.

Ich versuche, die Augen aufzulassen, ich fürchte mich vor dem Mädchen mit den roten Schuhen.

Ich versuche, mich an Mutter festzuhalten, aber das Mädchen setzt sich einen Teewärmer auf den Kopf und zieht mich am Arm.

Zwischen Mutter und mir reißt eine Kluft auf, und Mutter entfernt sich weit, weit, weit, während das Mädchen mich im Tanz dreht, dreht, dreht,

bis

ich den Mund aufmache und mich übergebe, direkt auf ein schwarzes Hosenbein.

Mutter bittet immer wieder um Verzeihung, und als ich endlich die Augen aufkriege, sehe ich Doktor Tammilehto an meinem Bett sitzen, mit einschüchternder Brille, aber freundlichem Lächeln.

Mutter fragt scheu, ob und welche Medikamente nötig seien, und will rasch einen starken Kaffee für Doktor Tammilehto kochen.

Vater ist nicht zu sehen, und ich schätze, dass Mutter Zeit schinden will.

Vater hat seit einem halben Jahr kein Geld mehr von der Finnisch-Sowjetischen Gesellschaft bekommen und klappert vermutlich gerade die Koskipatos, die Kalervos, die Lehtonens, die Jerrmannis oder sogar die Forssells ab.

Und ich habe recht, denn die Tür geht auf, und Vater kommt hechelnd herein und zahlt Doktor Tammilehtos Honorar.

Vater tut mir leid, weil im BMW schon seit Wochen kein Benzin mehr ist und er im Dunkeln durch die halbe Stadt rennen musste.

Doktor Tammilehto steckt das Geld ein und überweist mich in die Klinik für Kinder und alleinerziehende Mütter, die Kinderburg.

In der Kinderburg war schon die Mutter meiner Schwippcousinen und -cousins, und auch Artturi wäre dort gelandet, wenn er sich nicht vorher erschossen hätte. Und eine Frau Sauramo muss ebenfalls in dieser Burg gewesen sein, weil sie die Wohltätigkeitsgelder für Kinder unterschlagen hat und in diesem einen Lied vorkommt: Weinst du, alte Sauramo, bereust du deine Tat?

In diese Burg will ich auf gar keinen Fall, auch wenn ich dunkelhaarig bin und Kuchen aus Sand gegessen habe, dabei wusste ich ja, dass das verboten ist.

Aber ich habe keine Wahl und komme hinter Schloss und Riegel.

Und die Riegel sind kühl und hart, und ihr weißer Anstrich blättert ab.

Sie umgrenzen mein Bett in alle vier Himmelsrichtungen mit Gitterstäben, sodass ich nicht abhauen kann, nicht einmal zum Pinkeln, dazu muss die Krankenschwester mich hochheben und auf den weißen Emaillepott setzen, der ebenfalls eiskalt ist.

Über drei Wochen sieche ich in der Burg vor mich hin.

Wasser geben sie mir, aber kein Brot.

Das Essen wird hier Nährlösung genannt, ist klar wie Wasser und läuft mir durch die Nase in den Bauch.

Vor meiner Zeit in der Burg hätte ich nie geglaubt, dass man durch die Nase essen kann.

Und auch nicht, dass Tuberkulose im Sand wohnt, denn

obwohl sie erst sechs Jahre alt war, steckte in ihr längst eine Skeptikerin.

Mit hämmerndem Herzen hatte sie sich den verrücktesten Gefahren ausgesetzt und mit empirischen Versuchen die allermeisten Behauptungen widerlegt, mit denen man sie erzog:

Wer einem Erwachsenen hinter dessen Rücken eine Grimasse schneidet, erstarrt für immer in dieser Position.

Wer aus Spaß einen Blinden spielt, wird wirklich blind.

Wer lügt, bekommt eine lange Nase (sie wächst immer weiter aus dem Gesicht raus).

Wer eine Spinne tötet, muss bald sterben.

Wer Gott verflucht, stirbt sofort.

Wer lügt, kann abends nicht einschlafen.

Wer ein schlechtes Gewissen hat, kann auch nicht einschlafen (das stimmte), weil das Kissen steinhart wird (das stimmte nicht).

Wer über Behinderte lacht, kriegt selbst eine Behinderung.

Wer sich zum Spaß den Gehstock von jemandem leiht, geht bald selbst am Stock.

Wer die zweite Wange hinhält, statt zurückzuhauen, bekommt keine Schläge mehr auf die andere Wange.

Wer flucht, hat danach eine gelähmte Zunge.

Wer mit offenem Mund einen alten Menschen anglotzt, muss auf ewig mit offenem Mund rumlaufen.

Mutter besucht mich jeden Tag in der Burg, Vater, Großmutter, Tante Ulla und Großvater jeden Sonntag.

Großvater ist böse, nicht auf mich, weil ich Sand gegessen und zur Strafe eine Darmtuberkulose bekommen habe, sondern auf die Ärzte, die einem Kind kein Essen geben, obwohl es essen will, und auf meine Eltern, die zu den Ärzten halten.

Und er legt seine Schirmmütze ans Fußende meines Gitterbetts und tut beim Läuten am Ende der Besuchszeit so, als würde er sie dort vergessen.

Als die anderen sich schon in den BMW gesetzt haben, für den Großmutter eine Tankladung Benzin spendiert hat, fällt Großvater die Mütze wieder ein, und er muss noch mal kommen und sie holen.

Er schiebt seine Hand unter mein Kissen und sagt:
»Aber die zeigst du keinem, ja?«

Als er seine Schirmmütze aufgesetzt und die Tür hinter sich geschlossen hat, spähe ich unter mein Kissen, und dort liegen gemischte Süßigkeiten von Fazer, eine ganze Tüte, und zwei Da-Capo-Schokoriegel.

Als ich endlich entlassen werde, muss ich nicht mehr mit der Nase essen, sondern mich erwarten wieder Kaffee und Weißbrot, und schon im Auto ein ernstes Gespräch.

Das ernste Gespräch beginnt mit der Feststellung, jetzt käme was für große Menschen.

Ums Sandessen geht es in dem ernsten Gespräch nicht mehr, damit sind wir durch.

Stattdessen redet Vater lang und breit über das feste Band der Freundschaft zwischen dem finnischen und dem sowjetischen Volk.

Dieses Band ist für den finnischen Bürger ein harter Brocken, weshalb die finnische Regierung die freundschaftlich gesinnte Arbeit der Finnisch-Sowjetischen Gesellschaft nicht mehr unterstützt, weshalb Vater seit über einem halben Jahr kein Gehalt mehr bekommen hat, weshalb nun beschlossen wurde, dass Mutter arbeiten geht und ich irgendwo andershin, wo man auf mich aufpasst, und der BMW verkauft wird, was natürlich das Schlimmste ist, nicht wahr?

Aber zusammen stehen wir das schon durch, nicht wahr?

Als der BMW die Kreuzung Fleminginkatu-Helsinginkatu erreicht hat, gehen wir rein und kochen einen starken Kaffee.

Sechs Schildkrötentörtchen von der Bäckerei Eho stehen schon bereit, zwei für jeden.

Mutter teilt ihr zweites mit dem Küchenmesser in der Mitte durch, eine Hälfte für Vater, eine für mich, und dann diskutieren wir über den Ärger, den man mit einem Auto in der Stadt hat.

Da sind die Versicherungsbeiträge, die Benzinkosten, die Wartung, der Ölwechsel und die ständige Sorge, dass jemand mit einem Dietrich ins Auto einbricht, die Kabel unter der Armatur zusammensteckt und davondüst. So jemand ist natürlich ein Knastbruder und besoffen und fährt den Wagen natürlich vor die Wand oder an ein Verkehrsschild, worauf die Versicherung sich den Wagen unter den Nagel reißt und erst mal einen Bonzen hinters Steuer setzt, während der eigentliche Autobesitzer zu Fuß gehen darf, mit ein paar armseligen Münzen in der Tasche, die die Versicherung ihm gnädig hinwirft.

Da sind die Autowäschen und die Auto-Ausleiher, die den BMW immer mit einem neuen kleinen Problemchen zurückgeben.

Da sind die Reifenpannen, der Blätterwechsel bei den Scheibenwischern und die neidischen Nachbarn, die keinen Führerschein besitzen, geschweige denn ein Auto.

Da sind die schlechten Straßenkarten, weshalb man ständig nachfragen muss, wo es langgeht.

Insofern ist es sogar besser, diese ständigen Sorgen und Probleme gar nicht mehr zu haben, mit denen Autobesitzer in diesem Land heutzutage leben müssen.

Vor allem, wo es doch Züge und Busse und Taxis gibt, die einen exakt ans gewünschte Ziel bringen, ohne dass man dafür einen Finger krummmachen muss.

Aber

nur ein halbes Jahr nachdem Mutter mit einer bezahlten Arbeit anfangen musste, glänzt in der Fleminginkatu ein gebrauchter schwarzer Wolga, der erst der Auftakt ist für eine ganze Armada neu gekaufter Moskwitschs und Ladas.

Denn

der Mensch braucht eben doch einen fahrbaren Untersatz, zum Beispiel für den Fall, dass er mal irgendwohin will und vielleicht einen Filmprojektor, die Familie oder ein Zelt und Campingsachen mitnehmen muss.

Ab da brechen wir morgens in verschiedene Richtungen auf, wir drei: Vater in sein Büro im Stadtteil Kaisaniemi, Mutter auf die andere Straßenseite zu Irja Markkanen in den Laden und ich in die Fleminginkatu fünfzehn zu Aili Honkanen.

Bei ihr lerne ich gleich am ersten Tag eine neue und wichtige Regel, die sie nicht umsonst betont hat, wie ich irrtümlich dachte: Wer den Kopf bei Regen unter den Rinnenabfluss hält und sich das Wasser durch den Kragen in den Pulli laufen lässt, wird krank.

Ich kriege hohes Fieber und meine Mutter herrliche drei Tage lang zurück.

Mutter erhält von Irja Markkanen eine Vorauszahlung und backt Hefeteilchen.

Und ich darf ihr größtes und liebstes Hefeteil sein, denn Mutter deckt auch mich zum Aufgehen gründlich zu. Aber in den Ofen schiebt sie mich nicht, sondern knabbert mich einfach so auf.

Doch dann muss Mutter zurück hinter das Auslagenfenster des Ladens und ich in die Fleminginkatu fünfzehn, und irgendwann kriege ich einen Platz im städtischen Kindergarten in Vallila, wo Aili Honkanen mich nachmittags abholen kommt.

Die Frauen im Kindergarten tragen andere Kleider als Mutter, Großmutter, Tante Ulla oder Aili Honkanen.

Das Wort Uniform kannte sie noch nicht, aber die blau-weiß karierten Kleider und die weißen, pieksauberen Schürzen weckten in ihr dieselbe Furcht wie Krankenschwesterhauben, Pfadfinderhalstücher und später Trainingshosen mit Pumphosenbündchen.

Ich mag den Kindergarten nicht, und dass fremde Frauen mir den Kopf tätscheln und mich von hier nach da heben, mag ich auch nicht, aber im Namen der finnisch-sowjetischen Völkerfreundschaft füge ich mich.
Zwei Wochen lang gehe ich jeden Morgen in den Kindergarten, würge die Tränen runter und renne dauernd aufs Klo, weil mein Bauch vor Aufregung brennt und ich ständig Durchfall habe, wovon ich wegen der finnisch-sowjetischen Völkerfreundschaft aber niemandem erzähle, schon gar nicht Mutter, die es lustig findet, im Laden zu arbeiten und viele Menschen zu sehen, das sei genau wie in den guten alten Zeiten beim Arbeitertheater im Stadtteil Vallila oder bei der Band der Finnisch-Sowjetischen Gesellschaft.

Zu Beginn der dritten Woche wollen die Kindergärtnerinnen ein Spiel spielen, das *Wir spinnen einen Seidenfaden* heißt.

Es beginnt harmlos, ich stolpere einfach mit den anderen im Kreis herum, obwohl ich das Lied nicht mitsingen kann und schon wieder aufs Klo muss.

Dann bleibt der Kreis ruckartig stehen, und alle starren mich an.

Die Kindergärtnerinnen sagen, ich müsse mich umdrehen und aus dem Kreis herausschauen.

Aber ich will nicht.

Sie erklären mir, dass alle sich nach und nach umdrehen würden und am Ende nur noch ein Kind richtig herum steht, und dieses Kind hätte gewonnen.

Ich weigere mich.

Die Kindergärtnerinnen erklären, dass man die Regeln befolgen müsse, sonst könne ein Kind allen anderen das Spiel verderben, und in diesem Punkt ist das Spiel wie das Leben insgesamt.

Da mache ich nicht mit.

Als Nächstes erinnern die Tanten mich daran, dass das Spiel in einem städtischen Kindergarten stattfindet, für den es eine lange Warteliste spielwilliger Kinder gibt.

Ich weigere mich trotzdem.

Der Kinderkreis wankt auf Wollsocken und Bommelpuschen unruhig hin und her, und die wachsende Unruhe ist für die Kindergärtnerinnen das Signal, vom Wort zur Tat zu schreiten: Sie heben mich hoch.

Ich rieche Achselschweiß und in Milch gekochte Nudeln, und ich wehre mich.

Eine andere Kindergärtnerin kommt ihren Kolleginnen zu Hilfe und fügt dem Gemisch aus Schweiß und Milchnudeln einen Hauch North-Zigaretten, brennstabversengte Haare und lautes Gekeuche bei, aus dem ich die Wörter Dazulernen, Einzelkind und zeitaufwendiger Fall heraushöre.

Während alle anderen weiterspielen, muss ich in die Ecke.

Ich schlucke meine Wut und meine Scham und meine Tränen hinunter.

Doch

die in ihrem Innern gewachsene Betonklagemauer bricht nicht ohne festen Beschluss: Keine einzige Frau, niemand wird sie je wieder anfassen.

Auf dem Heimweg darf Aili Honkanen mich nicht mehr über die Eisenbahnschienen in Vallila heben.

Tante Aili wundert sich, begeht aber nicht den Fehler, Gewalt anzuwenden, sondern bittet einen Passanten um Hilfe.

Der Mann stellt seinen Koffer neben die Schienen, wedelt mich mit einem Achselgriff schwungvoll über das Hindernis, zieht für Tante Aili sogar noch kurz den Hut und lächelt.

Trotzdem will ich nicht mehr zurück dorthin, wo die Gefahr des Spiels *Wir spinnen einen Seidenfaden* droht.

Aili Honkanen bleibt zum Kaffee bei uns und deutet an, dass der Kindergartenweg mühsam werden könnte, wenn wir auf jeder Strecke den Mann mit dem Koffer abpassen müssen.

Vater wird so wütend wie die Kindergärtnerinnen mit den gestärkten Schürzen,

doch

Mutter nimmt sich den nächsten Tag frei.

Allerdings backen wir diesmal keine Hefeteilchen, sondern schauen im Arena-Haus am Hakaniemi-Markt vorbei, das merkwürdig gebaut ist: Wenn man an der rotgeziegelten Wand entlanggeht, ist man bereits nach drei Wänden wieder da, wo man losgegangen ist.

Im Arena-Haus befindet sich das Kino Tuulensuu, doch wir sehen uns jetzt nicht *Alice im Wunderland* an oder *Susi und Strolch* oder *Pekka und Pätkä*.

Wir fahren mit dem Fahrstuhl in den vierten Stock, klingeln und warten kurz in einem Zimmer, das mit Kindern vollgestopft ist und nach Pipi riecht.

Ich bin erleichtert, als wir wieder gehen,

doch

am nächsten Morgen werde ich angezogen, noch bevor ich richtig wach bin, und von Vater die herbstlich dunkle Fleminginkatu hinuntergezerrt, vorbei am Bärenpark, durch die Porthaninkatu bis zum Arena-Haus, wo ich den Durchfall wieder nahen fühle, aber da ist Vater schon verschwunden, und eine tatkräftig lächelnde Tante aus dem vierten Stock zieht mir den Mantel, die Fäustlinge und den Schal aus.

Meine Filzpuschen und die Wollstrickjacke soll ich aber anbehalten, weil die Heizung angeblich so ihre Macken hat.

»Im Moment noch«, sagt die Tante lächelnd.

Ich bleibe den ganzen Tag.

Raus gehen wir nicht, weil es im Moment noch zu wenig Tanten und draußen zu viele Autos gibt.

Das macht nichts.

Mittagsschlaf halten wir auch nicht, weil es im Moment noch keine Betten gibt, wobei der Raum ohnehin so klein ist, dass auch keine kommen sollen.

Das macht nichts, und genauso wenig macht es was, dass die Tanten keine blau-weiß karierten Kleider und gestärkte Schürzen anhaben, sondern Faltenröcke und Blusen.

Aber es macht ein bisschen was, dass es nur ein Klo gibt und ich in die Hose gepinkelt habe, bevor ich an der Reihe bin.

Eine Ersatzhose habe ich nicht mit, weshalb ich den restlichen Tag in nasser Hose und nassen Strümpfen herumlaufe.

In diesen Kindergarten will Mutter mich kein zweites Mal geben,

und

sie nimmt sich den nächsten Tag frei.

Wieder gehen wir zum Hakaniemi-Markt, aber ohne Eile und Bauchschmerzen.

Wir gehen in die Markthalle und kaufen Heringe und in Essig eingelegte Rote Bete.

Drinnen ist es dunkel und riecht nach Fleisch, aber ich darf Mutters Hand halten, und die Steckrüben und Mohrrüben duften nach Keller und lassen mich an Großmutter denken, die ich plötzlich sehr vermisse.

Mutter kauft einen Hefezopf, und damit besuchen wir Tante Hilma und Tante Helmi,

und

am nächsten Tag taucht Tante Hilma frühmorgens bei uns auf, noch ehe die Eltern zur Arbeit gehen.

Ich muss nicht aufstehen, und mein Bauch brennt nicht.

Tante Hilma kommt mit einer Kaffeetasse in meine Schlafnische und setzt sich auf die Bettkante:

»Schlaf nur, Mädchen.«

Ich mache die Augen zu und wache erst wieder auf, als Tante Hilma mich sanft anstößt:

»Es gibt Kaffee! Steh mal auf, Mädchen, sonst muss ich hier den ganzen Tag allein rumlungern.«

Wir trinken Kaffee, und Tante Hilma liest mir Nachrichten aus der *Arbeiterzeitung* vor.

Dann spielen wir mit Bär Kalevi und Schaf Ulla.

»Jetzt kommt der Bär und brummt gefährlich, grrrrr!«, sagt Tante Hilma und gähnt.

Ich versuche, Tante Hilma zu erklären, dass Kalevi ein braver Bär ist und zu Menschen und Schafen immer lieb.

»Aha«, sagt Tante Hilma, »lass uns mal ein Schläfchen machen und anschließend einen starken Kaffee kochen.«

Da sehe ich, dass es draußen schneit.

Eine hauchdünne Schneeschicht bedeckt die Fensterbretter und die Straße, auf der der Sohn vom Hausmeister gegenüber schon seinen Tretschlitten ausprobieren darf.

Der Tretschlitten rutscht nicht, doch der Junge schiebt ihn mit Gewalt die Fleminginkatu runter und lacht über seinen Vater, der sich mit den Handschuhen Schneeflocken von der Pelzmütze klopft und die dunklen Wolken mustert.

»Raus!«, rufe ich. »Mein Schlitten!«

Den Schlitten kriege ich nicht, der ist unten im Keller und zu weit weg, doch Tante Hilma ist damit einverstanden, auf ihren Stock gestützt an der Haustür zu bibbern, während ich mit der Zunge Schneeflocken fange.

»Aber nicht runterschlucken!«, mahnt Tante Hilma. »Du weißt, wie es mit dem Sand gelaufen ist.«

Ich lasse das mit der Zunge bleiben und versuche, einen Schneeball zusammenzukratzen.

Als ich fertig bin, besteht die Hälfte des Schneeballs aus Sand und ausgeblichenen Grashalmen.

Ich werfe ihn an die Wand.

»Dass du mir ja nicht die Fenster triffst!«, ruft Tante Hilma.

Ich lasse das Schneeballwerfen bleiben.

Stattdessen lege ich mich neben dem Gestell fürs Teppichklopfen auf den Boden. Wo gestern noch nacktes trockenes Gras war, wartet jetzt eine dünne, gleichmäßige Schneeschicht.

Ich bewege die Arme und Beine und mache einen Schneeengel.

»Dass du mir da ja wieder aufstehst«, ruft Tante Hilma, »du machst dir bloß die Kleider dreckig, was soll nur deine Mutter dazu sagen!«

Ich stehe auf und überlege, was ich sonst noch tun könnte.

»Lass uns mal wieder reingehen«, ruft Tante Hilma, »wir kochen einen anständigen Kaffee und machen ein Päuschen!«

Und

nach einer Woche fällt Mutter auf, dass ich blass und still bin und schon das dritte Kilo Kaffee angebrochen ist.

Und

Mutter nimmt sich den nächsten Tag frei.

Wir brechen schon früh auf. Die Sonne ist noch nicht über den Horizont gestiegen, und Irja Markkanen nestelt gerade am Vorhängeschloss ihres Kolonialwarenladens.

Dass wir winken, bemerkt sie nicht, und Mutter wird rot.

Wir gehen zu Fuß in den Stadtteil Kaisaniemi.

Das Licht ist dämmrig, die Luft frisch. Meine Nase fühlt sich trocken an, mein Atem dampft.

Zum Aufwärmen schauen wir in Papas Büro vorbei.

Das Zimmer ist voller Dosen, von denen wir auch zu Hause jede Menge haben, sie stehen mit Nägeln und Muttern gefüllt auf dem Regal im Klo. Aber in diesen Dosen sind Filmrollen.

Ich darf einen Film ins Licht halten und anschauen, jedes einzelne Bild kommt mehrmals vor. Erst nach ein paar Metern kann ich eine Veränderung feststellen.

»In Wirklichkeit gleicht kein Bild dem anderen, aber das menschliche Auge nimmt das nicht wahr«, erklärt Vater. »Pro Sekunde laufen vierundzwanzig Bilder durch den Projektor. Pass auf, Kind, dass du keine Fingerabdrücke hinterlässt.«

Als Vater und Mutter sich ein bisschen umarmt und geknufft haben und ich ans Fenster gegangen bin, um die immer weißer werdende Straße zu betrachten, ist uns wieder warm, Mutter und mir, und wir gehen zu Forssells zum Kaffee.

Und

am nächsten Morgen setzt Vater mich auf seinem Arbeitsweg bei den Forssells ab, wo ich den ganzen Tag bleibe.

Sie wohnen am Rand des Kaisaniemi-Parks in einem Keller, was praktisch ist: Rein und raus geht es direkt aus dem Küchenfenster.

Der Park glitzert und knirscht, und Risto Forssell und ich teilen uns den Schlitten, und niemand bestimmt über uns, weil Eeva Forssell genug mit ihrem zweiten Sohn Antti zu tun hat.

Antti ist zu früh geboren und die Wohnung feucht und kalt, weshalb er in eine Decke gewickelt mit seinem Holzpferd spielt.

Die Forssells haben wenige Sachen und strenge Regeln, aber niemand hat mir und Risto verboten, das Küchenfenster mit einem in Sahne getunkten Barsch zu bemalen, deshalb kann Tante Eeva eigentlich auch nicht böse auf uns sein, obwohl sie mit Wasser in den Augen rumjammert.

Aber als es dann richtig doll schneit, lächelt Tante Eeva zufrieden und ruft in die Kammer hinüber, dass es wieder Geld regnet.

Und ihr Mann Olli steht flink auf und darf auf die Dächer klettern und den Schnee runterschieben.

Onkel Olli würde lieber als Tischler arbeiten, aber im Winter gibt es keine Aufträge, deshalb steigt er auf Dächer, obwohl er eine solche Höhenangst hat, dass er sich übergeben muss, aber immer erst, wenn er wieder zu Hause ist.

Bis zum Frühling darf ich tagsüber bei den Forssells bleiben, dann muss ich zur Untersuchung beim Arzt.

Dort kriege ich für meine Knochen Kalktabletten verschrieben und für meine soziale Entwicklung den städtischen Kindergarten.

Ich komme in den Kindergarten Alppimaja.

»Und dieses Mal machst du keinen Ärger«, sagt Vater, und Mutter:

»Da kann man spielen und basteln und singen und alles Mögliche andere machen.«

Und

wieder tut mir morgens der Bauch weh.

Der Kindergarten stinkt nach Brei, Bohnerwachs, Pipi und Angst, aber ich tue so, als wäre alles in Ordnung, und ziehe mir langsam Mantel, Handschuhe, Schal, Mütze und Winterstiefel aus und hänge meine Kleidung an einen Haken der Buschwindröschen-Gruppe.

Ich fädele Perlen auf und spiele Dornröschen, male mit Porvoo-Wachsmalstiften Sonnen, blaue Himmel, Blumen, Wolken und finnische Flaggen, esse Kartoffeln mit Soße (die Zwiebelstücke stecke ich in die Tasche meiner Strickjacke und gebe sie abends Mutter), ich turne eine Katze nach, die den Rücken rund macht, und einen Schmetterling, der über die Sprossenwand flattert, und warte auf den Nachmittag, wenn die reichen Kinder und Einzelkinder nach Hause geschickt werden und die armen Kinder und Großfamilienkinder auf den Camping-Klappbetten ein Schläfchen halten müssen.

Schon auf dem Heimweg hört das Brennen im Bauch auf.

Ich schaue an der Kaarlenkatu nach links, nach rechts und gleich wieder nach links.

Ich gehe bei Irja Markkanen vorbei, wo Mutter mir gefüllte Rosenschokolade und einen Maumau-Lakritzmann zusteckt.

Dann schaue ich an der Fleminginkatu nach links, nach rechts und gleich wieder nach links.

Und endlich bin ich zu Hause.

Zwischen den Fensterscheiben – der Bolinder-Kühlschrank kommt erst später – warten in Pergamentpapier eingeschlagene Wurstbrote und ein Glas Milch.

Ich esse und trinke und bin allein und hoffe, dass niemand klingelt und von mir verlangt, eine Katze zu spielen oder einen Osterhasen zu malen.

Die vielen Trennungen von Mutter verursachen feine Haarrisse, bei deren Anblick man den schwarzen, schwindelerregenden Abgrund schon erahnen kann.

Aber erst im Kindergarten Alppimaja lernt sie denjenigen kennen, der die Risse zu einer gewaltigen, unüberbrückbaren Kluft aufsprengt.

Denn im Kindergarten wohnt jemand, der bei uns zu Hause oder bei den Forssells nie zu sehen ist.

Auch im Kindergarten zeigt er sich nicht, aber anwesend ist er trotzdem: in der Küche, hinter den Vorhängen oder der Tür, unter der Deckenlampe, in der Spielzeugkiste oder einfach irgendwo in der Luft.

Diese Person heißt Jesus.

»Du kennst Jesus nicht?«, fragt Kindergärtnerin Outi mich gleich am ersten Tag, und an ihrer Stimme und dem Blick, den sie der Kindergärtnerin Kerttu zuwirft, erkenne ich, dass mein ganzes hiesiges Buschwindröschendasein in Gefahr ist.

Beim Essen kichern alle über mich, nur Niiranen nicht, weil auf seinem Mund ein Pflaster klebt, damit er die Zwiebeln nicht ausspuckt.

Ich denke angestrengt nach, muss aber zugeben, eine Person mit diesem Namen nicht zu kennen.

Jesus ist angeblich Gottes Sohn und Einzelkind, was ich natürlich toll finde.

Großmutter kennt zwar Gott, aber diesen Jesus hat auch sie nie erwähnt.

Ich gebe die Informationen zu Jesus sofort an meine Eltern weiter, gleich abends an der Tür, als sie nach Hause kommen.

»Jaja«, sagt Mutter und zieht sich ihre Wollsocken über; im Herbst und Winter pfeift es bei uns so stark durch die Fenster, dass sich sogar mein Bettvorhang bewegt.

Vater sagt erst etwas, als er seinen Teller mit Hackfleisch-Kohl-Auflauf leer gegessen und sich eine Zigarette angezündet hat.

»Diesen Jesus hat es nie gegeben. Das haben die Wissenschaftler bewiesen.«

Kaum habe ich am nächsten Morgen im Kindergarten meine Puschen an und den nach Bohnerwachs riechenden Raum der Buschwindröschen betreten, gebe ich diese Information an Tante Outi und Tante Kerttu weiter.

Sie werfen sich Blicke zu, Tante Kerttus Wangen sind plötzlich rotgefleckt.

Tante Outi ist von der dunkelhaarigeren und zupackenderen Kindergärtnerinnensorte und fragt, welche Wissenschaftler das denn bewiesen haben sollen, und wann und wo.

Ich gebe die Frage an Vater weiter, noch ehe er abends den Mantel ausgezogen hat.

Auch seine Wangen sind plötzlich rotgefleckt:

»Das wissen die Wissenschaftler wer weiß wie lange. Aber mit der Religion wurde das Volk schon immer kleingehalten. Religion ist Opium fürs Volk.«

Ich kenne weder Religion noch Opium, und vom Volk habe ich auch bloß eine grobe Vorstellung, aber ich versuche, mir die Antwort einzuprägen.

»Jetzt erzähl ihr doch nicht so was«, sagt Mutter, »sonst drohen ihr am Ende noch Ausschluss und Ärger.«

»Was für ein Ausschluss?«, frage ich.

»Man muss die Sachen doch mutig sagen können, wie sie sind«, sagt Vater zu Mutter.

»Was denn für ein Ausschluss?«, frage ich, doch Vater hat schon die *Arbeiterzeitung* aufgeschlagen, und Mutter geht in die Küchenecke, wo das Gas aufflammt und die Kartoffeltüte raschelt.

»Und was für ein Ärger?«, versuche ich es noch einmal, und da sagt Vater:

»Dieser ganze Jesus-Kram ist eine Erfindung der Bürgerlichen.«

Und Mutter:

»Mach doch mal das Radio an, da kommt wahrscheinlich gerade die Kindersendung mit Onkel Markus.«

Tante Kerttu zeigt mir ein Foto von Jesus.

Das Foto verwirrt mich.

Jesus trägt einen Bart wie Männer, aber einen Rock und lange Haare wie Frauen.

Jesus ist weder Mann noch Frau.

Jesus ist spannend.

Außerdem hat Jesus ein Lamm auf den Schultern, das in einer ähnlichen Position liegt wie der Fuchs von Tante Maiju, der Glasaugen hat und Muff heißt.

Vater, der von Berufs wegen Bilder vorführt, sagt immer, dass ein Bild mehr beweist als tausend Worte, und gleich abends kann ich ihm verkünden, ein Foto von Jesus gesehen zu haben.

Vater lacht, und Mutter sogar auch.

»Zu der Zeit, in der Jesus gelebt hat, war die Kamera noch gar nicht erfunden«, sagt Vater siegesgewiss.

Ich starre ihn an und kapiere überhaupt nichts mehr.

»Zu der Zeit, in der er angeblich gelebt haben soll«, korrigiert er sich schnell.

Das Bild beweist also anscheinend gar nichts.

Und Jesus wäre fast wieder im Nebel verschwunden, wenn

nicht Tante Outi und besonders Tante Kerttu mit ihrer brüchigen Stimme mein frisch erblühtes Interesse begeistert unterstützt hätten.

Jesus hat vor fast zweitausend Jahren gelebt, was angeblich sehr lange her ist.

Jesus ist gestorben, aber wieder aus seinem Grab aufgestanden, was ein normaler Mensch niemals hinbekäme, und dann hat er ein neues Leben angefangen, als Unsichtbarer.

Der unsichtbare Jesus kann an vielen Orten gleichzeitig sein und alles sehen und hören.

Mit Jesus kann man laut reden, und er antwortet einem immer, allerdings tut er das stumm.

Das an Jesus gerichtete Reden nennt man Gebet.

Die Kindergärtnerinnen reden vor und nach jedem Essen mit Jesus.

Und zu Hause kann man – oder müsste man sogar – jeden Abend vor dem Schlafengehen mit ihm reden.

Bevor wir an diesem Abend in meine Bettnische gehen, schlage ich Mutter vor, dass wir doch mit Jesus reden könnten.

Ich schlage das auch deshalb vor, weil Vater bei einer Versammlung ist.

Zu meiner Überraschung sagt Mutter ja.

Wir falten die Hände und gehen auf die Knie. (Das kommt von Mutter; im Kindergarten beten wir im Sitzen.)

»Müde bin ich, geh zur Ruh, schließe beide Äuglein zu. Vater, lass die Augen dein über meinem Bette sein! Alle, die mir sind verwandt, Gott, lass ruhen in deiner Hand. Alle Menschen, groß und klein, sollen dir befohlen sein«, sagt Mutter hastig mit geschlossenen Augen, steht auf und klopft sich den Rock ab. »So. Und Amen.«

Ich habe von dem Gebet nicht viel verstanden, wieso soll Gott die Augen über meinem Bett haben, und wer muss wem etwas befehlen? Aber ich traue mich nicht zu fragen, weil ich merke, dass Mutter verlegen ist.

Und auch ich bin verlegen, erst, weil ich Mutter zu etwas angestiftet habe, das sie verlegen macht, und dann, weil ich ahne, was sie am meisten verlegen macht: dass Vater mitten im Gebet reinplatzen könnte und sie mit fest geschlossenen Augen auf dem Boden herumkriechen sieht.

Ich höre auf, Mutter gegenüber das Thema Jesus anzusprechen, denn

sie fühlt sich in zwei Teile geteilt.
Das Gefühl kennt sie schon: Sie hat bereits gelernt, sich zu teilen.

Sie hat sich bereits in vieles geteilt: in die Anwesende und die Unsichtbare, in die Trösterin und die Getröstete, in Mädchen und Junge, in die Gehorsame und die Rebellische.

Großvater gibt nichts auf Gehorsamkeit.

Er hat nie jemandem gehorcht, nicht einmal dem finnischen Staat, als der während des Kriegs mit Russland jeden Einzelnen zur gemeinsamen Holzbeschaffung aufrief, weil an Holz enormer Mangel herrschte.

»Ihr habt den Krieg selbst angezettelt, nun seht auch zu, wie ihr damit klarkommt«, hat Großvater dem finnischen Staat geantwortet.

Großvater verlangt von niemandem Gehorsam, nicht mal von einem Kind oder einem Hund, der darf frei herumlaufen und schnüffeln, woran er will.

Großvater wünscht sich, auch ich würde niemandem gehorchen, mich ja nicht zum Essen an den Tisch setzen, wenn ich keinen Hunger habe, und schon gar nicht in die Schule gehen, wenn ich keine Lust dazu habe.

Großmutter und Vater dagegen bestehen auf Gehorsamkeit.
 Ein gehorsames Kind tut sofort, was man ihm sagt, und fragt nicht groß warum, warum.

Vater wünscht sich sowieso, ich würde weniger fragen, vor allem, wenn Mutter mit den Frauen vom Nähclub unterwegs ist und er in Ruhe Zeitung lesen oder im Radio die Ratesendung *Club der Klugen* hören will.

Mutter wünscht sich, ich wäre sportlicher.
 Sie hat beschlossen, dass ich Sportlehrerin werden soll, weil das ein angesehener und anständig bezahlter Beruf ist, der regelmäßig frische Luft bietet und gut zu Frauen passt.
 Daher steckt sie mich in die Mädchenturngruppe des Arbeitersportverbands.
 Und deshalb muss ich jeden Mittwoch ins Kulturhaus, dabei tut mir schon am Montagmorgen der Bauch weh.

Tante Ulla ist ein bisschen launisch, wie ich angeblich auch; sie will mal dies und mal jenes von mir.
 Sie will, dass ich mehr von einem Jungen habe, aber gleichzeitig meine Fingernägel besser pflege.

Unsichtbar sein.
 Anwesend sein, da sein.
 Da sein (für Großvater). Aber nicht stören (Vater).

Unsichtbar sein. Nicht stören. Da sein.
Trösten (Großmutter).
Mutig sein. Schön sein. Wie ein Junge sein (für Tante Ulla).
Mutig sein, nicht stören, da sein, Gesellschaft leisten.
Schön sein.
Trösten. Wie ein Junge sein.
Da sein (für Mutter).

Doch das ist neu für sie: die unsichtbare Kluft zu erkennen, die zwischen Mutter und Jesus aufgerissen wurde.
So zu tun, als gäbe es diese Kluft nicht, sie in sich selbst verbergen.
Darunter leiden.
Es genießen.
Zur Außenstehenden werden.
Vergleichen. Beobachten und zuhören. Einschätzen.
Zur Außenstehenden werden.

Jesus ist der beste Freund der Kinder.
Ich bin ein Kind: Jesus ist mein bester Freund.
Begierig betrachte ich die Bilder, von denen ich inzwischen weiß, dass sie gezeichnet und gemalt sind: Mein langhaariger Freund auf einer Wiese, als froher, gelassener und liebevoller Mittelpunkt einer Schar Männer in Kleidern; mein Freund mit leuchtend blauen Augen auf einem Fels, umringt von Kindern und Müttern; mein Freund mit rotem Kleid und einem Fisch in der Hand auf einem Berg, eine Menschenmenge in Kopftüchern zu seinen Füßen; mein Freund mit glattgekämmtem Haar auf einem flachen Stein kniend, während aus einer einsamen Wolkenlücke ein Strahl Mondlicht auf ihn und den Garten fällt.
Und

sie versteht ihren neuen Freund: seine Einsamkeit und Traurigkeit inmitten vieler Menschen.

Und ihr neuer Freund versteht sie: ihre Traurigkeit und Einsamkeit inmitten vieler Menschen.

Weil mein neuer Freund nur stumm mit mir redet, beschließe ich, meinerseits auch nicht mehr laut mit ihm zu reden.

Und wieder teile ich mich entzwei: in die, die mit den anderen sagt, Segne Herr Jesus unser Essen, Amen und Danke Jesus für das Essen, Amen – formelhafte, langweilige Worte, die ihn bestimmt nicht groß interessieren –, und in die, die hinter dem Vorhang ihrer Schlafnische Wichtiges und auch Unwichtiges zu ihrem neuen Freund sagen kann.

Was, wenn es gar nichts gibt? Amen. Was, wenn die Zeit endet? Amen. Was kommt nach dem Ende der Zeit, was kommt nach dem Ende der Zeit?

Amen, Amen, Amen!

Oder:

Ich kann nicht schlafen. Amen. Ich müsste noch mal pinkeln. Amen. Mein Knie juckt, Amen, ach nein, doch nicht mehr, Amen.

Oder:

Einfach nur im Schatten seiner stillen, hauchfeinen Anwesenheit sitzen, die sie deutlich spüren kann. Oder nein, doch nicht, ach doch, jetzt wieder.

Es ist eine zerrissene, heiße, sich plötzlich wieder auflösende Anwesenheit, deren unberechenbares, launisches Flackern sie zu einer frühen Zweiflerin werden lässt.

Und wer sich in den Schatten lehnt, verschwindet in der Dunkelheit.

Und die Kindergärtnerinnen werfen mir noch eine neue Versuchung hin.

Mein neuer Freund schenkt Gnade, sogar eine solche Macht besitzt er.

Von Gnade verstehe ich nichts, ich kenne nicht einmal das Wort.

Die Kindergärtnerinnen erklären mir geduldig, dass es dabei ums Vergeben und Verzeihen geht, aber um eins, das größer ist als das normale Verzeihen.

Ich kenne noch nicht einmal das; bei uns wird nicht um Verzeihung gebeten.

»Wenn dich jemand haut, haust du sofort zurück«, sagt Vater.

Und Mutter:

»Aber du darfst nie anfangen. Immer erst reden.«

Regeln zu brechen, sich falsch zu verhalten und Unrecht zu tun erregt sie, denn mit der Zeit wird ihr klar, dass das Unrecht die Voraussetzung für das blendende Licht und die plötzliche, nicht berechenbare Erlösung ist, die sie zwar noch nie erlebt hat, deren Umrisse sie aber bereits aus dem Dunkel hervordämmern sieht.

Ihr neuer und unberechenbarer Freund bringt es fertig, hundert Schafe allein zu lassen, die den vorgegebenen Pfad entlangtrotten, und hinter einem auf eigenen Wegen wandelnden herzurennen, weil er das bewusst abgewichene Schaf mehr liebt als die hundert anderen.

Diese Geschichte wird im Kindergarten immer wieder aufs Neue erzählt, und der offensichtliche Widerspruch, den die Kindergärtnerinnen anscheinend nicht bemerken, beschäftigt sie sehr: Wieso wird dauernd auf Regeln gepocht, wo doch das Brechen der Regeln vielversprechender ist als das Befolgen?

An einem verregneten Vormittag teilen Tante Outi und Tante Kerttu Wasserfarben aus und schärfen uns ein, dass dies normalerweise erst in der Schule drankommt, wenn man alt genug ist für Wasserfarben, die in ungeschickten Händen leicht spritzen und alles besudeln können, die Kleider, den Tisch, den Boden.

Wir vereinbaren, dass der Pinsel nicht zu viel Wasser auf einmal aufnehmen, nur ein paarmal durch den Farbnapf wandern und die Farbtöne nicht vermischen darf.

Ich male wie vereinbart: sauber, ohne zu spritzen, mit wenig Wasser und nur den Farben, die die Näpfe vorgeben.

An den oberen Rand des Papiers male ich ein blaues Band als Himmel, die Sonne kommt daneben in die Ecke, darunter die grüne Wiese und in die Mitte eine Blume.

Matti dagegen, der nur Niiranen genannt wird, weil er mit Nachnamen so heißt, benutzt zu viel Wasser, spritzt die Farben durchs ganze Zimmer und muss den Rest der Malstunde in der Ecke stehen.

Niiranens Bild ist voller schmutziggrauer Wirbel und aus dem Boden gerissener Blumen, und seine Sonne leuchtet giftgrün in der Mitte.

Niiranens Bild ist hässlich und verstößt gegen die Regeln, und trotzdem beugen Tante Outi und Tante Kerttu sich flüsternd über sein Bild, während Niiranen feixend in der Ecke Grimassen schneidet,

und

ein bisher unbekanntes Gefühl überwältigt sie, das erst eine frühe Form von Bitterkeit ist und deshalb vom Grünton her eine Nuance heller als Niiranens Sonne:

Den ungezogenen Niiranen finden die Kindergärtnerinnen spannend, aber sie nicht.

Die Kindergärtnerinnen handhaben es wie ihr neuer Freund, der hundert Schafe treu hinter sich hertrotten lässt und das Abtrünnige auserwählt.

Zu gern würde ich das abtrünnige Schaf sein, doch dafür fehlt mir der Mut.

Ich möchte Niiranen sein, dem sich nun unbegrenzte Möglichkeiten für ernste persönliche Gespräche mit den Kindergärtnerinnen eröffnen.

Und die Tanten duften nach Parfüm und Nagellack, und selbst wenn sie streng wirken, sind sie doch in Wirklichkeit offen und sehr interessiert daran, den Niiranens dieser Welt, und ausschließlich ihnen, ihr Lächeln zu schenken.

Es war der Fehler meines Lebens, dass ich auf Großmutter gehört und die Rolle des braven Mädchens angenommen habe.

Nun gelte ich als das liebe, uninteressante Kind, obwohl ich doch eigentlich ein dunkelhaariges Einzelkind bin und ein echter Niiranen in mir wohnt, der fluchen und Zwiebeln ausspucken und Regeln brechen will, um von den Kindergärtnerinnen verhört und in das plötzliche, blendende Licht geführt zu werden, das durch die Vermittlung der Tanten von meinem neuen Freund auf einen herabstrahlt.

Doch

weil sie vollkommen uninteressant ist (das entnimmt sie den zerstreuten, wohlwollenden Blicken der Kindergärtnerinnen), muss sie einen eigenen Weg finden, um den Sprung ins Licht zu schaffen.

Zum Glück gibt es Kirsti.

Auch Kirsti ist nur ein Mädchen und nicht einmal Einzelkind oder dunkelhaarig.

Sie hat zwei jüngere Brüder, wohnt in der Helsinginkatu, und ihr Vater ist Hausmeister. Eine Mutter hat sie ebenfalls, aber auch die muckt nicht auf, als der Vater für Kirstis Brüder Schlittschuhe kauft und für Kirsti nicht.

Doch eigentlich interessiert Kirsti sich sowieso nicht besonders fürs Schlittschuhlaufen und leiht sich nur manchmal die von ihr aus, wenn Vater es nicht mitbekommt.

In Wahrheit interessiert Kirsti sich für Gnade und die Übungen dazu, draußen vor dem Kindergarten unter den Hagebuttensträuchern.

Zuerst

bin ich dran und haue Kirsti auf die Wange.

Kirsti hält mir auch die andere Wange hin, und obwohl ich es nicht gern tue, haue ich drauf, ohne meinen Handschuh.

Kirsti weint in echt, wenn ich zu doll gehauen habe, und tut nur so, wenn ich bloß sanft gehauen habe, was ich natürlich jedes Mal hinzukriegen versuche.

Dann falle ich auf die Knie und bitte um Vergebung, und wenn die Pfeife der Kindergärtnerinnen nicht gerade in diesem Moment ertönt, bekomme ich sogar ein paar Tränen rausgepresst und so ein merkwürdiges, wildes Ziehen im Bauch.

Jetzt ist Kirsti dran.

Sie zieht ihren Handschuh aus und haut zu. Ich halte ihr die andere Wange hin, und sie haut noch mal zu, und wenn es nicht doll genug war, halte ich ihr wieder die erste Wange hin.

Und dann weinen wir beide, Kirsti fällt unter den Hagebuttensträuchern auf die Knie, und die Gnade wirft ihren blassen, im Bauch aber deutlich fühlbaren Schein auf uns.

Abends beobachte ich Mutter. Sie wäscht in der Emailleschüssel Unterhosen, stopft Socken, bügelt und summt, und wenn sie meinem dunklen Blick begegnet, lächelt sie.

Mutter hat absolut keine Ahnung von den heißen, dampfenden Quellen, die in mir aufgestiegen sind.

Doch

eine Chance gebe ich ihr noch.

Mein neuer Freund ist im Kindergarten erschienen, nicht als unsichtbare, sondern als echte Person mit Glatze, schwarzem Umhang, liebem Lächeln und unpolierten Schuhen.

»Gnade euch allen«, hat mein Freund im schwarzen Umhang gesagt und jedem Kind ein Buch mit schwarzem Einband und vergoldeten Seiten geschenkt.

Er hat bestimmt noch etliches mehr gesagt, doch das fällt mir nicht mehr ein, denn mein neuer Freund hat mich ziemlich verwirrt mit seiner neuen Sichtbarkeit und damit, dass er mir womöglich sogar eine Brücke über die Kluft zwischen Mutter und mir bauen kann.

»Hatte er einen weißen Kragen?«, fragt Mutter.

Ich denke nach.

»Ich glaube, ja«, antworte ich widerwillig und ahne bereits, dass der Kragen sich irgendwie ungünstig auf meinen neuen Freund auswirkt.

»Ha, dann war es ein Pfarrer«, sagt Vater triumphierend. »Die rennen heute also schon in die städtischen Kindergärten!«

Und

die Kluft bleibt bestehen.

Der Schatten des Narziss

In den ersten Tagen im Juli neunzehnhundertachtundneunzig hat die Sonne ihre sonderbarste Kraft um fünf Uhr morgens.

Sie steigt im Nordosten hinter der Insel auf und bemalt mit ihrem frisch geronnenen Blut das Schilf, die Kiefern, die geteerte Sauna und die Samtente, die über das Wasser flattert.

Die Möwen kreischen, natürlich, und von der Insel Maantaustankarta weht ein tiefes Gurren sich spät paarender Vögel herüber, das sie trotz ihrer sprachlicher Fähigkeiten nicht in Wörter übersetzen kann.

Hinter der Insel Ruotsinluoto schnauft ein Frachter, und sein Ächzen vereint sich mit dem Brausen des offenen Meeres, das ihr Gehör nur noch mit Mühe wahrnimmt.

Wörter sind zu stumpf und zu verbraucht, um diese unvollkommene Sinneswahrnehmung auch nur halbwegs zu erfassen.

Sie sitzt auf dem Steg.

Unter ihren Beinen bewegt sich das Wasser, es ist schwarz und klar und rot und nicht zu greifen.

Auch die Sauna leuchtet rot, und hinter dem Rot lässt sich das Schwarz der Teerschicht erahnen, das eigentlich ein mit der Zeit eingedunkeltes Grün ist, milchig wie das alte Fensterglas, das eigentlich ein amorphes, ständig waberndes Gelee ist, ein unruhiges Gegengewicht zu allem Bleibenden, Unbewegten, Klaren.

Und

sie fremdelt mit ihren Wörtern, den präzisen, rasierklingenfeinen Häuten, die an den Rändern einreißen und in die prosodische, aus Geräuschen gewebte Stille des Morgens hineinschmelzen.

Doch

sie versucht es weiter.

Sie steigt ins kalte, dunkle Wasser und versucht, mit Wörtern ihr Bild einzufangen, in diesem gebrochenen, gehässigen Spiegel.

Aber nicht einmal das Bild von ihr, die mit Sprache nicht zu fassen ist, lässt sich erkennen; sinnlos wogende Wasserpflanzen haben es gestohlen.

Und trotzdem,

als sie wieder auftaucht, spinnt sie die größte aller Lügen weiter: das Bauen mit Wörtern, mit ausgelaugten Zeichen, das Schreiben dieses Buches.

Kraft

Wir haben von allem mehr als andere.

Wir haben ein Auto und unsere Sonntagsspaziergänge während der Gottesdienstzeit und Lenins *Gesammelte Werke* und Großmutters Haus und Garten außerhalb der Stadt und Mutters Jugendlichkeit und den Kommunismus und Vaters fast vollständige Nüchternheit und Kindergeld, das nicht in Essen und Miete fließt wie bei den anderen in der Fleminginkatu, sondern in Gummistiefel, ein Kleid für das Frühlingsfest der Schule, Eishockeystiefel oder was auch immer das Kind gerade braucht.

Wir machen Pläne für die Zukunft, für Anschaffungen und den Umzug in eine Eigentumswohnung.

Wir sparen, stecken Bildung ins Kind, und wir reparieren, was kaputtgeht.

Wir schlafen nicht auf einem Stahlrahmenbett, sondern auf einem Bettsofa.

Wir essen sonntags Rindertopf und geschnürtes Ferkelfleisch, nie Erbsensuppe oder Heringssteaks.

Bei uns geht es voran, langsam, aber stetig.

Wir gehen voran, die ganze Familie.

Hinter dem Vorangehen steht Vater.

Mutter stellt sich dem nicht entgegen, verfällt aber in zweifelndes Summen, wenn wir mithilfe von Karopapier und dem Kuli aus den *Kosmos*-Heften das Vorangehen planen.

Mutter kriegt einen Pelz aus Lammfell und ich ein Dreirad aus Bulgarien.
Die Mutter von Tiita kriegt einen Merinopelz, der noch viel wärmer ist und gerades Haar hat statt der Kringel, aber Mutter geniert sich auch so schon genug, wenn sie im Pelz zur Arbeit läuft.

Vater trägt das Dreirad auf den Hof, stellt sich an die Feuerleiter, zündet sich eine Amiro an und passt auf, dass ich das brandneue Dreirad niemandem ausleihe.
Ich fahre zwischen den Mülltonnen und dem Wäschegestell hin und her, schwitze und bin verlegen, weil kein anderes Kind ein Dreirad hat.
Die Nachbarschaft versucht, sich gleichgültig zu geben, doch nach kurzer Zeit stehen an meiner Route zwei glotzende Reihen, zwischen denen ich hin und her fahren muss.
»Scheißding«, sagt jemand in der Reihe links von mir, und in der rechten:
»Ein deutsches wäre besser.«
Vater hört es nicht oder tut jedenfalls so.
»Los, mehr Tempo«, ruft er, »richtig fest in die Pedale treten, das hält die Technik aus!«
Und ich trete so lange, bis Vater genug hat, reingeht und ich eine Pause machen kann.
»Und, hast du es jemandem ausgeliehen?«, fragt Vater mich abends beim Kaffee, nachdem er das bulgarische Ding zum Ausruhen auf den Teppich gestellt hat.
»Nein«, lüge ich.

»Du lügst«, sagt Vater mit bedrohlicher Beherrschtheit und wird erst wieder normal, als ich die Fünfmarkstücke, die Buffalo-Bill-Kaugummibilder und die zerknitterten Glanzbild-Engelchen aus meinen Taschen ziehe.

»Teufel noch mal«, sagt Vater erfreut, »unsere Tochter weiß, wie man Handel treibt!«

Aber das bulgarische Dreirad, das Vater über die Finnisch-Sowjetische Gesellschaft organisiert hat, ist erst der Anfang.

Als Nächstes kriege ich Eishockeystiefel und werde zum Üben auf den zugefrorenen Brahe-Sportplatz gebracht.

Mir werden die bequemen Filzschuhe runtergezerrt und die harten, drückenden Stiefel übergezogen, deren glänzende Kufen boshaft grinsen.

An Vaters Hand stolpere ich übers Eis.

Meine Knöchel schmerzen, und ich passe auf wie verrückt, denn ich ahne schon, dass Vater mich irgendwann loslässt, wie schon damals, und

das Wasser war grün und salzig und sie tief in Gedanken versunken.

Klare, sich bald wieder zerstreuende Gedanken, wie das Wasser, und unter ihrem Bauch hielt eine starke Hand sie mühelos an der Oberfläche, verschwand dann aber so plötzlich, dass sie in die unerwartete, brennende Tiefe sank.

»Schlittschuhlaufen ist eine tolle Sache«, sagt Vater, und ich stolpere ängstlich weiter und glaube ihm, denn er hatte als Kind keine Aussichten auf eigene Schlittschuhe und konnte sich erst welche leisten, als er ein ganzes Jahr bei einem gereizten alten Blumenverkäufer ausgeholfen hatte.

Ich bin in unserer Straße die Einzige, die Eishockeystiefel hat, und kann mir keine Hoffnungen machen, dass jemand sie klaut.

Die anderen Kinder aus meiner Straße haben nur Kufen zum Drunterschnallen, wenn überhaupt.

Die befestigt man unten an der Sohle und versaut sich damit die schönen Winterstiefel.

Diese Drunterschnall-Kufen sind unten viel breiter als meine, und man kann viel besser auf ihnen laufen, sodass das eigentlich gar nicht als Schlittschuhfahren zählt.

Aber auch die Eishockeystiefel sind erst der Anfang.

Wir schaffen uns eine Schmalfilmkamera an.

In einem Schmalfilm kann man sich ganz anders zeigen als auf einem Foto.

Man kann sich bewegen.

Vater filmt vor allem Mutter, aber nachdem Mutter ihm heimlich was zugeflüstert hat, filmt Vater auch mich.

In einem Film stehe ich mit Tiita, Airi und Sipa ordentlich in einer Reihe, wie für ein Foto, aber dann mache ich zwei Schritte nach vorn, weil ich die Sache mit dem Film besser verstehe als die anderen.

Airi, die überhaupt nichts kapiert, versucht, mich unauffällig am Ärmel festzuhalten, doch als wir den entwickelten Film auf ein weißes Bettlaken richten, das wir am Vorhang meiner Schlafnische befestigt haben, sieht man diesen lächerlichen Versuch natürlich trotzdem unglaublich gut.

Auch Airi selbst sieht ihn und wird rot, aber Vater und ich lachen großzügig darüber hinweg, und Mutter bietet Saft und beim Transport zerkrümelte Kekse von Irja Markkanen an, allen, die auf dem weißen Laken den gerade erst entwickelten Film anschauen dürfen.

Aber auch die Kamera ist erst der Anfang.

Wir schaffen uns einen Fernseher an.
Der Fernseher ist eine Kiste, die vorne eine ähnliche Vertiefung hat wie eine Waschmaschine.

Aber in der Vertiefung der Waschmaschine drehen sich bekannte Kleidungsstücke, während in der Vertiefung des Fernsehers irgendwelche Sendungen ausgestrahlt werden.

Den Fernseher haben wir über die Finnisch-Sowjetische Gesellschaft gekriegt, weshalb da nur sowjetische Sendungen kommen.

Wir wohnen im ersten Stock, aber zum Fernseher gehört eine Antenne, die auf dem Dach zu stehen hat, damit das Bild in der Vertiefung möglichst scharf ist.

Deshalb muss Vater bei allen Nachbarn über uns klingeln, weil sie ja etwas dagegen haben könnten, wenn wir das Antennenkabel durch ihre Speisekammern hochziehen.

Da sie aber alle bei uns fernsehen wollen, sagt niemand nein.

Und so steigt Vater aufs Dach und befestigt dort die glänzende, schick geformte Antenne. Ich winke ihm von der Straße aus zu, und er winkt zurück, und ich bin stolz auf ihn, weil er immerzu vorangeht und uns mitzieht, Mutter und mich.

Doch dann wird es eng in der Wohnung, weil die Leute aus der Straße alle bei uns klingeln und im Stehen auf den Fernseher schauen, in dem es dauernd schneit. Im Schneegestöber sind Menschen in dicken Mänteln zu erkennen, die sich hin und her bewegen und dabei Russisch oder Estnisch sprechen.

Aber auch der Fernseher ist erst der Anfang.

Die Leute aus der Straße sind zwar nach und nach alle verschwunden, doch Vater ist noch immer im Vorangehfieber.

Ich soll schnell ins Bett, höre Vaters Stimme aber auch durch den Vorhang.

Er spricht von Kapital und Mehrwert:

Wenn Mutter Oka-Kaffee, Jonathan-Äpfel und Buffalo-Bill-Kaugummi verkauft, entsteht dabei ein Mehrwert, der direkt in Irja Markkanens Tasche fließt.

Als Mutter dagegenhält und sagt, Irja sei ein fairer Mensch und würde ihr den Lohn schon irgendwann auszahlen, wird Vaters Stimme laut.

Es geht hier nicht um Fairness, sondern um Kapitalismus, und demnach ist Irja Markkanen die Ausbeuterin und Mutter die Ausgebeutete.

Mutter ist anscheinend beleidigt und zieht sich in die Küchenecke zurück.

Vater flucht allein vor sich hin, geht dann aber hinter Mutter her.

Die Küchenecke ist so weit weg, dass ich nicht genau hören kann, was sie sagen, aber als die Wohnzimmerstühle quietschen und die Kaffeetassen versöhnlich klirren, geht es bereits um Dinge wie Investition, Geldanleihe, Zinsen und Tilgung.

Vater kauft Mutter einen eigenen Kolonialwarenladen.

Aber bevor Mutter bei Irja Markkanen kündigt, bringt sie einen Karton mit vierhundert Buffalo-Bill-Kaugummis mit.

Durch das häufige Verleihen meines bulgarischen Dreirads habe ich zwanzig Buffalo-Bill-Sammelbilder erhalten und bin durch Tauschhandel sogar schon auf neunundvierzig gekommen. Fehlen also noch einundfünfzig.

Mutter und ich packen alle Kaugummis aus und kaufen Irja die ab, in denen ein Bild ist, das mir noch fehlt. Die anderen wickeln wir so sorgfältig wieder ein, dass weder Irja noch irgendein Kunde bemerken wird, dass sie schon mal geöffnet waren.

Ich habe nun achtundvierzig neue Sammelbilder, mir fehlen nur noch drei.

Am nächsten Tag stellt Mutter den Karton zurück in den Laden und bringt einen neuen mit.

Wieder gehen wir vierhundert Kaugummis durch, aber die drei fehlenden Sammelbilder sind nicht dabei.

Und

schlagartig wird mir und Mutter das Wesen des Kapitalismus in seiner ganzen unmenschlichen Gier klar: Die drei fehlenden Bilder gibt es gar nicht.

Quer durchs Land kauen die Kinder sich mit dem zähen, nach Vanille schmeckenden Zeug den Kiefer lahm, aber kein Kind wird je eine vollständige Bildersammlung besitzen.

Mutters Kolonialwarenladen ist das kleinste Geschäft im ganzen Land,

denn

es werden noch über zwanzig Jahre vergehen, bis der erste Kiosk mit Lebensmitteln eröffnet.

Unser neuer Laden ist sogar Thema in der *Arbeiterzeitung*.

Mutter lächelt mit einer Baskenmütze auf dem Kopf neben

einem Bündel Bananen und sagt, sie habe sich schon immer für Kundenservice interessiert.

Auch Vater wurde vom Reporter befragt:

»›Kleinster Laden des Landes hin oder her, Hauptsache, es ist der eigene‹, sagt Reino Saisio lachend und räumt die letzten Kaffeepackungen ins brandneue Regal.«

Mutters Kolonialwarenladen liegt auf der Viides linja, in der neu eröffneten Markthalle zwischen Fleischer Mantila und Bäckerei Eho.

Vater hat einen Stempel aus Gummi anfertigen lassen, auf dem *SAISIO, Kolonialwaren* steht.

Abends, wenn Mutter abgewaschen und Vater die Tageskasse geprüft und die Münzen in die richtigen Plastikbeutel sortiert hat, schalten wir das Radio ein, stempeln Papiertüten und planen die Erweiterung.

»Du liebe Güte«, sagt Mutter, »eigentlich haben wir doch noch einen Berg Schulden.«

Und Vater unterbricht das Stempeln, nimmt den Karoblock und den Kugelschreiber von der Finnisch-Sowjetischen Gesellschaft, der den kleckenden *Kosmos*-Kuli abgelöst hat, und führt Mutter vor, wie viel schneller die Schulden bezahlt sind, wenn der Laden größer ist und Mutter noch eine zusätzliche Arbeitskraft hat, die Mehrwert bringt.

Aber Mutter stellt sich einem allzu schnellen Vorangehen entgegen,

denn

Mutter mag ihren landesweit kleinsten Kolonialwarenladen.

Und ich darf aus der Fleminginkatu immer zu ihr rüberlaufen in die Viides linja, zumindest wenn ich kontrollieren lassen will, ob meine Jacke richtig geknöpft, mein Haar sorgfältig gekämmt und mein Gesicht einigermaßen sauber ist.

»Was würden die Kunden denn von einer Verkäuferin denken, deren Kind wie ein Landstreicher rumläuft«, sagt Mutter.

Und egal, wie dringend es ist, ich darf Mutter nie beim Bedienen unterbrechen, sondern muss höflich warten und von meinen Angelegenheiten sofort wieder schweigen, wenn eine neue Kundin sich dem Tresen nähert.

Ich stehe etwas abseits und schaue zu Mutter, die freundlich lächelnd zur Kundschaft schaut:

»Was darf's denn sein?«

Und dann bittet eine Kundin um ein halbes Kilo Äpfel.

Mutter sucht die besten Äpfel raus, wirft die mit dunklen Stellen in einen Karton unter dem Tresen, der zu uns nach Hause kommt, lässt die besten Äpfel in die von mir gestempelte Papiertüte gleiten und stellt die Tüte auf die Waage, die leicht wackelt.

Und Mutter:

»Achtzig Gramm mehr, passt das?«

Das passt, und Mutter schreibt den Preis mit dem Kugelschreiber der Finnisch-Sowjetischen Gesellschaft auf die Papiertüte, und dann:

»Darf's sonst noch was sein?«

Aber die Kundin möchte keine weiteren Saisio-Kolonialwaren, und Mutter nennt den Preis.

Die Kundin zahlt fröhlich, und Mutter gibt das Wechselgeld ebenso fröhlich zurück und wünscht noch irgendetwas Nettes, jeder Kundin etwas anderes: Gute Besserung, Hoffen wir auf schöneres Wetter, Viel Glück an die Tochter fürs Abitur, Einen lieben Gruß ins Krankenhaus, Das Schicksal wird sich schon noch wenden, der Blitz schlägt ja auch nicht immer im gleichen Baum ein!

Wenn die Kunden Kinder sind, ärgert mich das, weil Kinder einer Verkäuferin nur die Zeit stehlen.

Kinder wollen bloß ein großes Gummibärchen, und das kostet eine Finnmark, was die Münze mit dem geringsten Wert ist, noch kleinere Münzen werden in Finnland gar nicht hergestellt. Mutter lässt das Gummibärchen dann in eine von mir gestempelte Tüte sausen, dabei hat Vater ihr das verboten, weil ein Gummibärchen plus eine Tüte uns schon mehr kosten als eine Finnmark.

Im schlimmsten Fall ist obendrein Winter, und die Münze steckt im Handschuh des kleinen Kunden, und der Handschuh ist mit einer Sicherheitsnadel am Ärmel befestigt. Dann muss Mutter unter dem Tresen durchkriechen, die Sicherheitsnadel aufmachen, die Münze aus dem Handschuh holen, den Handschuh wieder über die Hand des kleinen Kunden schieben und mit der Sicherheitsnadel am Ärmel befestigen.

Und währenddessen müssen gute, erwachsene Kunden warten.

Aber Mutter schert sich nicht darum, sondern haut auf die Kasse, wirft die Münze hinein und wendet sich lächelnd der nächsten guten Kundin zu:

»Und was darf's für Sie sein?«

Vater versucht, Mutter Ratschläge für die Kundenbedienung zu geben, aber das übergeht Mutter, indem sie etwas summt oder das Thema wechselt.

Zu den Stoßzeiten verlässt Vater die Finnisch-Sowjetische Gesellschaft, zieht sich im Ladenkeller eine braune Dienstjacke über, bringt Zucker, Suno-Waschmittel und die schrecklich schmeckenden georgischen Weintrauben mit nach oben, die er über die Finnisch-Sowjetische Gesellschaft bestellt, und führt Mutter vor, wie man es macht.

Vater lächelt eine gute Kundin an, senkt die Stimme und fragt:

»Und was möchten Sie heute Schönes?«

Mit tiefer Stimme empfiehlt Vater ihr die Bananen, die gerade den idealen Reifegrad haben.

Kleine Kinder scheucht er ans Ende der Schlange.

Nach Ladenschluss trägt er das Obst in den Keller, und Mutter sagt Puh und wischt den Tresen mit einer Unterhose sauber, die mir zu klein geworden ist.

Eine gute Kundin kauft viel Obst und wenig Tabak und niemals Gummibärchen.

Obst hat eine gute Kostendeckung, Tabak nicht. Und bei Gummibärchen geht alles durch den Zeitaufwand und die Papiertüte verloren.

Die Deckung ist das Geld, das Mutter bleibt, wenn die Rechnungen bezahlt sind.

Wenn Vater von Kostendeckung redet, fängt Mutter an zu summen oder pfeifen.

Und

trotzdem hat Mutter bald eine so gute Kostendeckung, dass Vaters Aushilfe zu den Stoßzeiten nicht mehr ausreicht und Mutter sich dem Mehrwert fügen und eine zusätzliche Arbeitskraft einstellen muss.

Vater gibt eine Zeitungsannonce auf: Aushilfe im Verkauf gesucht.

Dann kommen die Bewerbungsgespräche dran, und die führt Vater in unserem Wohnzimmer.

Es klingelt so oft, dass die Frauen draußen im Treppenhaus eine Schlange bilden müssen.

Vater sitzt mit Karoblock und Kugelschreiber im Sessel, die Bewerberin auf unserem Bettsofa von der Marke Asko.

Mutter bietet allen Frauen Kaffee und am Vorabend gebackene Krapfen an, obwohl Vater das unnötig findet. Und ich kippele auf dem Stuhl in der Küchenecke und sehe Mutter zu, die nach dem Kaffeeeinschenken aus dem Fenster schaut und hinter vorgehaltener Hand heimlich gähnt.

Vater stellt überraschende Fragen und notiert auf seinem Block überraschende Dinge.

Allzu kräftige Frauen kommen als Aushilfe nicht infrage.

»Die füllen ja den ganzen Laden aus«, sagt Vater, als eine Füllige die Tür hinter sich zugemacht hat. »Mit so einem Bauch fegt die doch alles von den Regalen.«

Am Ende wird es Eila, die weder dick noch dünn, weder still noch gesprächig ist.

Wir besiegeln den Beschluss mit einem starken Kaffee und essen die restlichen Krapfen auf.

»Na, was sagt unsere Arbeitgeberin?«, fragt Vater und stößt Mutter in die Seite.

Mutter wischt sich die zuckrigen Finger an der Schürze ab und sagt gar nichts.

Als Nächstes meldet Vater uns bei der Kesko-Ladenkette an, zu der alle K-Supermärkte gehören, und macht Mutter so zur Besitzerin eines K-Marktes.

Aber das ist erst der Anfang.

Danach meldet Vater sich für eine Ausbildung zum Kaufmann an und lernt zwei Jahre lang im Fernstudium.

Wenn er abends die Tageskasse durchgezählt hat, sollen Mutter und ich still sein.

Mutter und ich gehen ins Kino Tuulensuu und gucken Zeichentrickfilme oder den *Vagabunden-Walzer* oder *Pekka und Pätkä als Schneemänner* an, und als wir alle Filme durchhaben, machen wir einfach nur Spaziergänge.

Wir gehen um die Töölönlahti-Bucht und den Hakaniemi-Markt, lassen uns Zeit und sprechen über alles Mögliche.

Ich hoffe, dass Vater richtig lange studiert.

Wir schauen bei Tante Ulla vorbei, die aus Pakila nach Kallio in die Porvoonkatu gezogen ist, in eine Hundertmark-Villa, wie die Erwachsenen sagen.

Aber auch bei Tante Ulla dürfen wir nur flüstern, denn neben dem Kachelofen schläft Reetta, die alt und gebrechlich ist und Tante Ullas Vermieterin.

Und als wir wieder nach Hause kommen, sitzt Vater in seinem Zigarettenqualm und unterstreicht etwas in einem aufgeklappten Buch.

»Nun geh doch endlich mal schlafen, Mensch«, sagt Mutter und setzt das Wasser auf, mit dem wir uns warm waschen.

Vater hat dunkle Ringe unter den Augen und sieht aus, als würde er Mutters Satz nicht verstehen.

Und

nachdem Mutter und ich zwei ganze Winter lang spazieren gegangen sind, hat Vater seinen Abschluss in der Tasche und einen Ring zum bestandenen Kurs am Zeigefinger.

Tante Ulla bringt Vater eine Flasche mit rundem Bauch mit, und während Tante Ulla, Mutter und ich Erdbeerkuchen von der Bäckerei Eho essen, trinkt Vater die Flasche leer.

Vater erzählt uns, wer Dale Carnegie ist und dass er ein tolles Buch geschrieben hat, *Wie man Freunde gewinnt*.

Und dass mal ein Mann aus reiner Freundlichkeit jeden Morgen im Treppenhaus eine alte, unsympathisch aussehende Frau gegrüßt hat und nicht wusste, dass diese kinderlose Frau ein Vermögen besaß – was sie ihm, dem freundlichen Herrn aus dem Treppenhaus, nach ihrem Tod vererbt hat.

»Bei den Leuten weiß man nie«, lallt Vater, »da muss man aufpassen wie ein Schießhund.«

Dann will er das alte Lied *Eine Rose erblühte im Tale* singen.

Und als wir fertig sind mit Singen, geht Vater aufs Klo, übergibt sich und schläft ein.

»Das hat er sich verdient«, sagt Tante Ulla, als sie sieht, dass Mutter und ich Tränen in den Augen haben.

Tante Ulla und Mutter tragen Vater aufs ausgezogene Bettsofa, und Tante Ulla hebt mich hoch und legt mich neben ihn.

»Halt mal seine Hand«, fordert sie mich auf, »das hat er sich verdient.«

Ich schiebe meine Hand in Vaters, wo sie in einer großen, fordernden Wärme versinkt.

»Freundlich zu allen sein«, flüstert Vater unter der Decke, »das ist der ganze Trick.«

Darauf weiß ich nichts zu sagen, weil ich zu meinem gewaltigen Entsetzen sehe, dass Vater weint.

Aber am nächsten Morgen ist er wieder fidel.

Denn Vater ist jetzt ausgebildeter Kaufmann.

Er hat eine Prüfung abgelegt und ein Zeugnis bekommen,

und niemand sonst in der gesamten Fleminginkatu hat ein Zeugnis und ein eigenes Geschäft.

Dazu kauft Vater sich noch einen Aktenkoffer.

Der ist aus Schweinsleder und der einzige Aktenkoffer in der ganzen Straße.

Und so langsam wird uns klar, dass es an der Zeit ist, die Fleminginkatu zu verlassen.

Vater liegt mit gekämmten Haaren und einem Veilchenstrauß auf dem Bauch im Aufwachraum neben dem OP-Saal.

Aber Vater ist nicht aufgewacht, sondern gestorben.

Ein Auge steht halb offen. Ich blicke hinein, aber er sieht weder zu mir noch sonst irgendwohin.

Das Zimmer ist grün gekachelt, die Luft kalt, und ich habe absolut keine Ahnung, was ich denken soll.

Ich schaue zu Kaija, die ich mit einem Anruf gebeten habe, Elsa und mich beim Totenbesuch zu begleiten.

Kaija starrt auf Vaters Körper, aus ihren schwarzen, mitfühlenden Pfefferkornaugen rinnen Tränen.

Auch Elsa weint, nur meine Augen sind trocken und wandern unruhig über die Kacheln und die Kerze, deren Flamme durch den Luftzug vom Fenster her unablässig verlängert und verkürzt wird.

Eine Krankenschwester steckt den Kopf ins Zimmer:

»Wir haben kein anderes Zimmer dafür, entschuldigen Sie bitte vielmals.«

Tante Ulla wurde in der Putzkammer des Meilahti-Krankenhauses gekühlt.

Taktvolle Krankenschwestern hatten den Staubsauger und die Wischmopps mit grünem Stoff verdeckt.

Mutter wiederum lag im OP-Saal und wurde inmitten von hellen Lampen, Geräten und Anzeigen von mir fortgekühlt.

Meine Hand liegt auf Vaters Stirn, zum allerersten Mal.

»Er wird langsam kälter«, sage ich,

und

ohne es zu beabsichtigen, sinkt sie in die schalltote Ellipse, in der es weder Wörter noch Gefühle noch Zeit gibt.

Und tief in sich versunken ist sie auch dann noch, als sie den Verstorbenen zurückgelassen hat und ihre Hand den Metallgriff der großen Krankenhaustür nach unten drückt.

Die Krankenschwester ruft ihr hinterher:

»Das könnte jetzt etwas unpassend wirken, aber wir müssen leider die neuen Regeln befolgen.«

Und ihr wird ein Formular hingehalten, unter das sie ihren Namen setzt, anscheinend ohne zu zittern.

Im Gegenzug erhält sie eine weiße Plastiktüte.

In der Tüte liegen die Brille, das Gebiss für den Unterkiefer und der Kaufmannsring.

Anblick

Ich will nicht in die Schule gehen.

Großvater findet, dass ein Kind nichts gegen seinen Willen tun sollte.

Er kennt viele Beispiele von Menschen, die nicht zur Schule gegangen sind und trotzdem ein gutes und erfolgreiches Leben führen.

Sein wichtigstes Beispiel ist er selbst, der es auch ohne Schule zum Schweißer und Eigenheimbesitzer gebracht hat.

Aber das Fieber des Vorangehens hat auch mich gepackt, sodass ich mich schließlich doch, und ohne irgendwelche Bedingungen zu stellen, bereit erkläre, in der ersten Klasse der Aleksis-Kivi-Grundschule anzufangen.

Bis zum allerletzten Moment halte ich an der Möglichkeit fest, am ersten Schultag Shorts zu tragen, wie kurze Hosen neuerdings genannt werden, muss dann aber am ersten September doch mit zusammengebissenen Zähnen einen gelben Karorock und eine rote Karoschürze anziehen, denn unter die zur Einschulung gehisste finnische Flagge kann man aus irgendeinem Grund nur in Schürze treten.

Ich beschließe, die Schule zu hassen, doch als ich mein erstes Schulbuch – eine Fibel –, einen Bleistift, einen Buntstift mit rotem und blauem Ende, ein Radiergummi und zwei Karohefte kriege, alles unentgeltlich, fange ich zu Großvaters und auch meiner eigenen Enttäuschung an, mich ernsthaft für die Schule zu interessieren.

Außerdem ist meine Lehrerin jung und dunkelhaarig, und ihre Bluse duftet nach Stärke, und sie erklärt die Buchstaben so toll, dass sie sich von ganz allein zu Wörtern ordnen.

Und die Wörter gesellen sich nebeneinander und halten sich an den Händen, sodass ich bereits vor Weihnachten lesen kann: Aaron atmet aus, aah! Berta backt, bravo, Berta!

Der Weihnachtsmann, der wie Gott Dinge vorhersehen kann, weiß über meine neue Fähigkeit längst Bescheid und schenkt mir zu Weihnachten ein Buch.

Das Buch heißt *Tiina*. So steht es auf dem Umschlag.

Ich kann es ohne Hilfe lesen, und ich lese es laut vor.

»Sieh mal einer an«, sagt Vater zufrieden, »die bimsen ihr in der Schule also doch was in den Kopf.«

Großvater tut, als würde er uns nicht hören, aber Tante Ulla tippt auf einen weiteren Namen, der auf dem Umschlag steht, und auch den lese ich vor: »Anni Polva.«

»Die liest ja schon richtig fließend«, freut sich Mutter.

Ich rätsele laut, ob das Buch wohl zwei Namen hat, und Tante Ulla erklärt, dass Anni Polva der Name der Frau ist, die dieses Buch geschrieben hat, und Tiina der Name, den die Schriftstellerin dem Buch gegeben hat.

Ich verstehe nicht, was das bedeutet, und Tante Ulla erklärt, dass Anni Polva sich diese Tiina ausgedacht hat und auch all die Dinge, die Tiina erlebt. Anni Polva hat sich auch Tiinas Vater und Mutter und Tiinas Schulklasse und überhaupt alles ausgedacht.

Zum Glück habe ich noch andere Geschenke bekommen, einen Duftstift, Skier und Skistöcke, Schokolade und ein kleines Sprungfeder-Männchen – ein Säufer mit Pulle, der aus einem Mülleimer hochschießt, wenn man unten auf die Feder drückt –, und ich bin froh über diese anderen Geschenke, denn ich verstehe nicht, wieso ich etwas über Tiina lesen soll, wenn es sie nicht einmal gibt.

Ich verstehe nicht, was mich die Erfindungen von Anni Polva angehen.

Ich verstaue diese Tiina in der Spielzeugkiste unter meinem Kinderbett und hole das Buch nur abends manchmal raus, um den Umschlag zu betrachten.

Ich habe noch nie ein Buch gelesen.

Ich habe noch nie einen Menschen getroffen, der einfach so Bücher liest.

Dabei besitzen wir viele Bücher.

Wir besitzen mehr Bücher als die anderen Familien in der Fleminginkatu.

Wir besitzen zwei Regalbretter voll.

Im oberen stehen Bücher in einem helleren Braunton, im unteren Bücher mit einem dunkleren Braunton, wobei das Braun in beiden Regalen einen Gelbstich hat.

Die oberen Bücher hat sich W. I. Lenin ausgedacht, die unteren Josef Stalin.

Die Bücher heißen alle gleich: *Gesammelte Werke*.

Aber lesen tut sie niemand.

Vater liest Zeitung und macht, wenn er etwas lernen muss, Hausaufgaben – genau wie ich.

Mutter liest das *Kochbuch der jungen Frau*, immer im Stehen in der Küchenecke.

Die Seiten der *Gesammelten Werke* haben oben komische kleine Kapuzen, weil sie nie durchgeschnitten wurden, aber das ist Vater gar nicht aufgefallen.

Denn

erst nach drei langen, voll Ungeduld abgewarteten Jahren greift Vater nach dem ersten Band von W. I. Lenins *Gesammelten Werken*, wischt den Staub mit einem angefeuchteten Streifen Stoff ab und wirft den Band in einen großen Chiquita-Karton.

Und

zu ihrer Enttäuschung wird dieses Buch seinen fahlen, gelbbraunen Schein auch auf dem Bücherregal der neuen Wohnung in Puotila verbreiten, in der es noch nach Zement und Farbe riecht.

Sie geht bereits aufs Gymnasium und hat es irgendwann satt, Lenins und Stalins *Gesammelte Werke* unter der Garderobe zu verstecken, wenn Schulfreundinnen zu Besuch kommen, und sie rechtzeitig wieder zurückzustellen, damit alles normal aussieht, wenn Vater von der Finnisch-Sowjetischen Gesellschaft nach Hause zurückkehrt.

Mutter versteht, wie schwer dieses Ausbalancieren für sie ist, immerhin umfassen die *Gesammelten Werke* ja achtundvierzig Bände.

Doch es braucht noch vier weitere Jahre, bis sie ihre Mutter dazu überreden kann, die *Gesammelten Werke* zum großen Müllcontainer des städtischen Eingliederungsbezirks Puotila zu schleppen.

Es ist drei Uhr nachts, das Licht in den Fenstern der Nachbarn seit Stunden aus.

Vater ist in Jalta und darf sich auf Einladung der Kommunistischen Partei der Sowjetunion offiziell ausruhen. Trotzdem reden Mutter und Tochter im Flüsterton. Flugs plumpsen die *Gesammelten Werke* in den Container, und obendrauf wirft Mutter Heringsabfälle, die Eierschalen einer ganzen Woche und mehrere Ausgaben der *Helsingin Sanomat* und der *Volksnachrichten*.

»Die sieht man nicht mehr«, flüstert Mutter, und die Tochter:

»Und wenn doch, dann weiß ja keiner, dass sie uns gehören.«

An einem kühlen Tag, vermutlich im Februar, schickt meine nach Kreide und Stärke duftende Grundschullehrerin Aira Hokkanen mich aus dem Unterricht nach Hause, weil ich leichtes Fieber habe.

Zu Hause spiele ich mit meinem Schaf Ulla, aber da Winter ist und ich allein bin, habe ich keine guten Ideen.

Lieber hole ich das *Tiina*-Buch raus.

Ich betrachte den Umschlag.

Darauf ist das Gesicht eines Mädchens gezeichnet, das ungefähr in meinem Alter ist. Das ist bestimmt diese Tiina, und sie sieht mir sogar ähnlich.

Ich rieche an den Seiten.

Das Buch riecht ganz anders als die *Gesammelten Werke*: frisch und irgendwie aufregend.

Ich schlage es auf.

Ich lese die erste Zeile des Buches.

Weil das ziemlich gut klappt, lese ich gleich noch die zweite Zeile.

Ich lese die ganze Seite.

Ich lese das ganze Buch.

Dann

liege ich auf meinem Kinderbett und weine, und ich weiß nicht warum.

Vielleicht weine ich, weil das Buch einfach mittendrin aufgehört hat oder weil ich ein ganzes Buch zu Ende gelesen habe.

Oder ich weine, weil ich schon jetzt weiß, dass ich noch viele weitere Bücher lesen werde.

Ich schließe die Augen und sehe eine Wüste ungelesener Bücher vor mir, ein Meer aus Büchern, eine Pyramide aus Büchern, und darunter ist kein einziges *Gesammeltes Werk*.

Oder weine ich, weil man mich dreist belogen und behauptet hat, diese Tiina gäbe es nicht?

Tiina ist realer als Sipa und Risto und Alf.

Tiina ist realer als Großmutter und fast realer als Mutter.

Tiina ist realer als ich.

Und

dann geht in ihrer Welt das Licht aus, und das Zimmer stürzt samt ihrem Kinderbett ins All.

Klirrend bersten die Fensterscheiben, und das Quietschen einer Bremse reißt mitten im Gedanken ab, und die ganze Stadt sinkt in ein tosendes Dunkel, von dessen klarem, kribbeligem Grund sie sich wieder nach oben stoßen muss:

Wieso haben andere das Recht, sich ein kleines Mädchen auszudenken, das es eigentlich nicht gibt?

Wer hat dieses Recht, und warum?
Wer?
Wer?
Ich?

Und

diese Frage erschrickt sie zutiefst, denn in ihren sieben Lebensjahren hat sie bereits gelernt, unbeständige und unkontrollierte Freuden zu fürchten, weil sie den gleichen Ursprung haben wie das Geschenk von Miss Lunovas ferner, blendender, größte Fülle versprechender Liebe, den gleichen Ursprung wie die verschwenderische, unausgesprochene Gnade und Gunst in einer neuen Freundschaft.

Doch trotz dieses leisen Widerstands steigt aus ihrer tiefsten Quelle, ihrem Bauch, ein von Tränen begleiteter Triumph auf.

Als Mutter und Vater vom Verkaufen der Saisio-Kolonialwaren nach Hause kommen, liege ich noch immer schluchzend im Bett.

Vater bleibt direkt auf der Türschwelle stehen und lässt den schweinsledernen Aktenkoffer von einer Hand in die andere wandern:

»Himmel noch mal, was die nur wieder hat.«

Doch Vorwürfe, Aspirintabletten, das Fieberthermometer und die Rosenschokolade sind mir jetzt egal,

denn

vor mir liegen Berge und Täler, glitzernde Winter und launische Frühlinge; Meere, Städte, Vogelgeschrei und traurige Menschenlieder; Wolken, Prozessionen, Schultage; Asphaltgeruch, schnurrbärtige Stalins und hinkende Frösche; alltägliche Mütter und Ziegelschutt und schwarze Menschen und Saunaabende und Kaffeereklame; Zirkusbesuche, Zwillinge und verlorene Feuerzeuge; Sehnsucht, Schmerz und etliche in die weite Welt verschwundene Miss Lunovas und wieder Sehnsucht; Zeugnisse vor Weihnachten, Grabsteine und Anchovisbüchsen; unergründliche, vom Wind verwehte Gerüche und Tuberkulose, in die Ferne aufbrechende Dampfschiffe und Mutters Achselschweiß; wehmütige Tränen und Geleekugeln; schmutzige Spülwannen, geheime Wurmgänge, Gewissensbisse unnötig gestorbener Kinder und nach Zimt duftendes, fröhliches Warten.

Und

alle Dinge, die es gibt auf dieser Welt, warten darauf, dass ich sie erfinde und in Bücher verwandele.

Ich stelle die vertraute Brille, das Gebiss für den Unterkiefer und den Kaufmannsring im Flur auf dem Fußboden ab. Sie liegen in einer Plastiktüte der Alkoholverkaufskette Alko; das Maria-Krankenhaus hat keine eigenen Tüten.

»Tja«, sage ich und betrete das Wohnzimmer.

Ein unnützer Mond steigt hinter der Insel Korkeasaari auf. Der Wind hat gedreht und stört die glatte Wasseroberfläche.

Durch das geöffnete Fenster strömt endlich kühle Luft.

Ich setze mich auf den Sessel, er fühlt sich anders an als noch vor zwei Stunden.

Auch der Tisch kommt mir anders vor; das grüne Licht des eben aufgegangenen Mondes leckt über die Platte.

»Sollen wir einen Kaffee kochen?«, fragt Kaija behutsam. »Oder nimmst du einen Cognac?«

Aleksei ist aufgewacht und schnuppert an meinen Hosenbeinen, so vorsichtig, als wäre ich jetzt eine Waise.

Ich bin jetzt eine Waise.

»Danke, ich nehme einen Cognac«, sage ich, aber dann fällt mir ein: »Oder doch nicht, ich muss ja morgen zur Arbeit.«

»Du gehst morgen nirgendwohin«, sagt Kaija, »auf gar keinen Fall.«

»Wirklich?«

Natürlich nicht.

Ich muss in der Hochschule anrufen und Bescheid sagen.

Ich gehe in die Küche und hebe den Hörer ab, der sich wieder warm anfühlt, wärmer als vor zwei Stunden.

Dann geht mir auf, dass es ein Uhr nachts ist.

Ich trotte zurück ins Wohnzimmer. Vor lauter Drang, etwas zu tun, schmerzen mir die Glieder.

»Ich bin wohl ein bisschen durcheinander?«, frage ich, und in Kaijas Blick lese ich, dass ich richtigliege.

»Nun setz dich mal hin und beruhige dich ein bisschen«, sagt Kaija, »wir sitzen jetzt alle einfach nur da und schweigen.«

Elsa und Kaija verweilen still am Tisch, mich aber lässt der grüne Mond wie besessen zwischen dem Bücherregal, dem Flur und der Küche umhergehen.

Die Kerzenflammen flackern im kühlen Luftstrom, und am Tisch sehen die zwei Sitzenden aus wie Granitfelsen, ein großer und ein kleiner.

Ich hebe die Plastiktüte im Flur auf, das Gebiss, die Brille, den Ring.

Ich höre ein stumpfes Bersten in mir, als ginge ich kaputt.

Ich habe keine Ahnung, wohin man das Gebiss und die Brille eines Toten tut.

Ich setze mich an den Tisch und umarme die Plastiktüte, streichele sie wie eine Katze.

Das Bersten hält an, und ich trinke einen Cognac.

Ich trinke noch einen Cognac,

aber

in den Morgenstunden bin ich in entzweigeteilt.

Das Grün des Mondlichts hat sich in ein kaltes Blau verwandelt.

Und dieser blaue, wohlbekannte, beängstigende, irreführende Farbton holt aus meinem innersten Schlamm Bilder herauf, die sich jahrzehntelang im Bodensediment versteckt und mit Gerüchen, Gasen, Farben, Wörtern, Gesten und Angst angereichert haben.

Harte Augen, geringschätzende Augen.

Drängende, lachende, drohende, verhöhnende Augen.

Augen, deren blaugraue Farbe hoch über meinem Gesicht drohend schwarz wird, und ich bin klein, so klein neben dem, dessen Augen mich herausfordern zu niemals ausreichender Leistung, zu ständigem Gehorsam und Kampf.

»Nie wurde was anerkannt«, höre ich es klagend aus mir hervorbrechen, »nie war es gut genug, nie.«

Das ist die klagende Seite meines zweigeteilten Ich, die in der Stimmung des frühen Morgens kübelweise Beweismaterial vor Kaijas empathischen Blicken ausbreitet.

Und hinter der Klagenden steht die Spottende:

»Ja, großartig, nur weiter so!«

»Alles falsch, immer nur falsch«, klagt die Klagende, die schon unsicher krächzt.

»Fantastisch, besser geht's ja gar nicht«, spottet die Spottende, »genau wie im Lehrbuch! Die Tochter eines dominanten Vaters wird eine Rebellin, der nie was genügt, nie!«

»Immer hätte ich noch besser und irgendwie anders sein müssen!«, höre ich die Klagende schimpfen.

Und die Spottende:

»Applaus, Applaus! Weil der Vater sein Kind nicht als Tochter akzeptiert, wird sie eine Homosexuelle! Fantastisch!«

Und die Klagende:

»Nichts hat gereicht, nie, wirklich nie!«

Und die Spottende:

»Logisch, wie soll es auch anders sein! Der dominante Vater verachtet die Neigungen seiner träumerischen Tochter, die Künstlerin wird und mit Schweiß auf der Stirn die Akzeptanz ihres Vaters auf allen Gebieten der Kunst zu erkaufen versucht, hungrig, unersättlich und immer wieder depressiv!«

Als Kaija mich aufweckt, ist es hell und das Zimmer feuerrot.
    Kaija hat Elsa aufs Sofa gebettet und den Tisch abgeräumt.
    »Kommst du zurecht, wenn ich jetzt nach Hause gehe und eine Runde schlafe?«, flüstert Kaija.

Die Tür geht zu, und ich stehe auf einem feuerroten Schlachtfeld, erschöpft, unsicher, verletzt und zugleich unverletzlich wie immer.
    Die Klagende und die Spottende sind nach unentschiedenem Kampf verstummt, und nun habe auch ich das Recht, meine Rüstung abzulegen und mich hinzulegen.
    Doch

die Laken verschmähen mich, ich kann nicht einschlafen.
    Und

der Bodenschlamm befördert andere Bilder an die Oberfläche:
    Der kleine Junge im Blaubeerkraut, der eine Haarschleife und ein Kleid trägt, weil er der verstorbenen großen Schwester ähneln soll; aus sich heraus ist er nichts wert.
    Der Elfjährige, der im Schneeregen durch die halbe Stadt rennt, um Zeitungen auszutragen, verschlafen, verfroren und verwirrt; sein Vater hat sein Brot schon als Siebenjähriger verdienen müssen – und er wird nie verstehen, dass er hier die Schuld für die Missstände im Leben seines Vaters abträgt.

Der Fünfzehnjährige, der das Radrennen bei der Kreismeisterschaft des Arbeitersportverbands gewinnt, in der Zuschauermenge jedoch vergeblich nach dem Gesicht seines Vaters sucht, der seinerseits so oft beim Ringkampf siegte, ohne dass je ein Verwandter dabei gewesen wäre.

Der Siebzehnjährige, der nach einem langen Tanzabend stumm die Tracht Prügel von seiner Mutter entgegennimmt, die wegen einer demütigenden Schwangerschaft heiraten musste und deren Mann noch am Altar lüstern und sehnsüchtig zu ihrer Schwester geglotzt hat.

Der Fünfunddreißigjährige, der selbst nach einem harten Abendstudium noch Gummibärchen abzählt und sie in dünne Papiertüten mit dem eigenen Namen drauf gleiten lässt.

Der Einundfünfzigjährige, der Ende Mai die Studentenmütze aufsetzt, aufsteht und sich im Spiegel mustert.

Die Studentenmütze steckt in einer durchsichtigen Plastiktüte und gehört seiner Tochter, für deren Abifeier der Sekt schon im Kühlschrank steht.

Geheimnis

Ich habe nun ein Geheimnis.

Das Geheimnis ist ein Tor, durch das ich jederzeit fliehen kann.

Hinter dem Tor ist es dunstig und blau und sicher.

Hinter dem Tor gibt es keine Uhren, aber dafür Zeit, und am Ende der Zeit öffnet sich ein weiteres Tor, das das Ende verdeutlicht und zugleich aufhebt.

Hinter dem Tor bin ich kein Kind, sondern erwachsen.

Hinter dem Tor schaut niemand an mir vorbei, sondern alle schauen mich an und sehen mich.

Hinter dem Tor gibt es kein in Teile zerfallendes Ich; hinter dem Tor bin ich ganz.

Hinter dem Tor bin ich Schriftstellerin.

Das mit der Schriftstellerin mag ich niemandem erzählen außer Mutter.

»Aha«, sagt sie und flickt meine Wintersocken mit blauer Wolle, weil wir keine braune haben. »Das ist doch schön.«

Mutter hält einen Stopfpilz in der Hand, und ihre nackten Füße stehen in einer Wanne mit heißem Wasser, weil sie den ganzen Tag Halsschmerzen hatte und die Kundschaft sich über ihre raue Stimme wunderte.

»Ist nicht besonders gut geworden«, sagt Mutter, vernäht den Faden und beißt ihn ab, »aber in den dicken Winterstiefeln merkt das sowieso keiner.«

Du siehst nicht hin, denkt sie.
Aber das kommt noch.

Einen kurzen Moment hoffe ich, sie würde wegen der Schriftstellerei nachfragen, doch Mutter stellt den Wasserkessel für den Abendkaffee auf den Herd und pfeift vor sich hin.
»Aber erzähl das niemandem«, nehme ich noch einmal Anlauf.
»Was denn?«
»Das, was ich dir eben gesagt habe.«
»Aber was hast du denn gesagt?«, fragt Mutter hinter dem Küchenvorhang,
und

obwohl sie enttäuscht ist, dass Mutter ihr Bekenntnis vergessen hat, wünscht sie es sich jetzt genau so.

Doch sie muss das Tor zu ihrem Geheimnis noch viel öfter aufmachen, als ihr lieb ist, weil sie ihrem brennenden Wunsch zum Trotz einfach nicht gesehen wird.

Sie verliebt sich in ihre erste Lehrerin, die Stärkeduft und Jugendlichkeit und strenge Vorschriften verströmende Aira Hokkanen, und hofft inständig, wenigstens ein Mal einen interessierten Blick vom Objekt ihrer Liebe zu erhaschen.
Und eines Tages passiert das Wunder: Aira Hokkanen will sie nach der letzten Stunde zu einem Gespräch dabehalten.

Mit pochendem Herzen verfolgt sie, wie die anderen Kinder viel zu langsam ihre Sachen zusammenpacken, bis das Klassenzimmer endlich eine leere Arena ist, in der Wünsche und Gefühle miteinander ringen können, ihre und die ihrer angebeteten Lehrerin.

Aira Hokkanen sieht ihr in die Augen und lächelt.

Und sie wird rot vor Schreck, denn jetzt werden sie und ihre heimlichen Gefühle gesehen.

Doch Aira Hokkanen betont nur freundlich, sie sei ja wirklich eine liebe und anpassungsfähige Schülerin, worauf sie bloß höflich lächelt und ah ja sagt, während ihre Hand schon fast das Tor öffnet, durch das sie vor der Verletzung und Enttäuschung flüchten kann.

Sie will nicht lieb und anpassungsfähig sein.

Sie will schwierig und interessant sein.

Aber sie ist verliebt und wachsam und bleibt abwartend am Tor stehen.

Ihre Angebetete schlägt eine veränderte Sitzordnung vor.

Bisher sitzt sie in der dritten Pultreihe neben einem rundgesichtigen, schläfrigen Jungen.

(Der Junge hieß Jouko und gab ihr großzügig seine Sachen; Radiergummi, Lineal, Tunturi-Pastillen.)

Ihre Angebetete schlägt ihr vor, sich in die fünfte Pultreihe neben Kari zu setzen, der sich das selbst gewünscht hat. Kari leidet unter den Folgen einer Kinderlähmung, weshalb er hinkt, unruhig ist und schnell weint, und darum sollten doch bitte alle in der Klasse Karis Wünsche und Bedürfnisse berücksichtigen.

Und um des Blickes willen, den sie von ihrer Angebeteten erhält, willigt sie sofort und vorbehaltlos ein,

und

mit dieser leichtfertigen Entscheidung schmiedet sie ihr Schicksal für die nächsten Jahrzehnte:

Angepasst sein. Kooperativ sein.

Dem eigenen Alter voraus sein, reif sein.

Offen und freundlich sein.

Eine Brücke zwischen Lehrenden und Lernenden sein, zwischen Herrschenden und Beherrschten.

Interesse haben, ohne interessant zu sein.

Hinsehen, aber selbst unsichtbar bleiben.

Ihre Angebetete verrät sie drei Mal, wie es in großen Geschichten üblich ist.

Der erste Verrat.

Gleich am nächsten Morgen schleppt sie ihre Sachen gehorsam zum neuen Pult und lässt Jouko allein zurück, der benommen und bestürzt die Augen zukneift.

Nachmittags spielt die Klasse auf dem Schotterplatz ein Laufspiel, bei dem sie wegen ihres hinkenden Mitspielers Kari verliert, für diese Niederlage aber nicht einmal einen einordnenden Blick ihrer Angebeteten erhält.

Ihre Angebetete leuchtet vor Jugendlichkeit und Rotwangigkeit, reicht dem Siegerpärchen unter lautem Gelächter Lollis und ignoriert sie und ihre Reife, auf der die neue Sitzordnung doch beruht, dabei hätte die gemeinsame Vereinbarung ihr wenigstens ein unauffälliges Zwinkern für ihre Aufopferung garantieren müssen.

Der zweite Verrat.

Weil ihr neuer Pultnachbar Kari sie mit dem Ellenbogen gestoßen hat, verpasst sie ihm einen Tritt gegen das kranke Bein, denn auch wenn sie nie von Kinderlähmung betroffen war, tut ihr der Arm von seinem Stoß sehr weh.

Als Kari und sie laut losplärren, schaut ihre Angebetete irritiert zu ihnen herüber, aber statt sie beide anzuhören, schickt ihre Angebetete nur sie, die sich doch bloß verteidigt hat, in die Ecke.

Da steht sie und ruckelt an ihrem geheimen Tor, kriegt es aber nicht auf, weil ihre Angebetete den Umweltkundeunterricht ganz normal und gelassen weiterführt, als hätte hier nie ein Verrat stattgefunden.

Der dritte und schlimmste Verrat.

Vater hat ihr zu Weihnachten einen Griffelkasten geschenkt, auf dessen Deckel das kleine Einmaleins steht.

(Auch mit diesem Geschenk geht Vater wieder mal voran, denn erst über zwanzig Jahre später werden im Matheunterricht elektronische Taschenrechner akzeptiert.)

Im Januar nimmt sie Vaters Geschenk sofort mit in die Schule und ist stolz auf ihren Griffelkasten, ihren Vater und sich selbst, weil sie immerhin ein Mensch ist, der einen solchen Kasten und einen solchen Vater hat.

Sie kann das Einmaleins bereits auswendig und braucht die Liste auf ihrem Griffelkasten nicht, aber ihr Vater und der Pultnachbar mit der Kinderlähmung schon.

Bei der nächsten Mathearbeit erreichen sie und auch Kari die volle Punktzahl, was ihre Angebetete sehr wundert.

Zufrieden präsentiert sie Vaters Weihnachtsgeschenk, worauf die Augen ihrer Angebeteten sich verdunkeln.

Mit selbstverständlicher Allmacht verwandelt sie ihre und Karis Bestnote in die schlechteste.

Kari weint darauf herzergreifend, aber sie, die ohne Kinderlähmung keine Erlaubnis zur Weinerlichkeit hat und auch so schon steif genug ist, starrt ihre Angebetete nur mit trockenen, ausdruckslosen Augen an.

Und die lässt sich erweichen und gibt Kari ein Befriedigend, während bei ihr, der Reifen und Kooperativen, das Ungenügend stehen bleibt.

Auf dem Nachhauseweg zerreißt sie ihre Mathearbeit, stößt das Tor zu ihrem Geheimnis auf und betritt eine Welt, in der Hass erlaubt ist.

Und verblüfft stellt sie fest, dass ihre enttäuschte Liebe dem Hass Kraft verleiht und dass Hass wunderbar tief und genussvoll sein kann, voller Saft.

Und irgendwann will ich nicht mehr in die Schule gehen, weil der Hass auf Aira Hokkanen mich ausgezehrt hat.

Stundenlang habe ich genüsslich in ihre zu eng stehenden Augen, auf ihre hässlich dünne Nase und das süßliche Lächeln gestarrt, das ich als falsch und übertrieben verurteile.

Ich habe nach Flecken auf ihrer Bluse, ihren Händen, ihrem Gesicht und nach Mängeln in ihrem Sprachgebrauch gesucht und gehässig über alle Schnitzer und Stolperer gelacht.

Ich habe Kraft aus meinem Hass gezogen und bin doch wieder eingeknickt, weil ich feststellen musste, dass Aira Hokkanen meinen Hass nicht bemerkt.

Sie lächelt mich so freundlich und zerstreut an wie eh und je.

Und in meinen Hass mischen sich Schuldgefühle, die ich zu dämpfen versuche, indem ich mir Aira Hokkanens dreimaligen Verrat immer und immer wieder ins Gedächtnis rufe.

Aber auch Hass erschöpft sich irgendwann, und ich fürchte mich vor dem Moment, in dem ich für Aira Hokkanen weder Hass noch Liebe empfinde.

Ich habe Angst

vor der Leere.

Vor der Belanglosigkeit.

Ich habe Angst, keine Bedeutung zu haben, wenn ich es nicht schaffe, bei Aira Hokkanen Liebe oder Furcht zu wecken.

Und

deshalb will ich nicht mehr zur Schule gehen.

Doch ich bin immerhin schon acht und weiß, dass es eine Schulpflicht gibt, sogar für Schüler mit Kinderlähmung, weshalb es zu spät ist, einfach zu Hause zu bleiben. Oder es ist noch zu früh dafür, und ich muss erst noch älter werden.

Ich beschließe, krank zu sein.

Das ist nicht schwierig, mein Bauch tut schon seit Jahren morgens weh.

Jetzt aber steigert der Schmerz sich zu Krämpfen, die mich in die Knie zwingen, als ich zur Schule gehen müsste.

Ich hoffe, Mutter schickt mich für den Rest des Tages ins Bett, doch das tut sie nicht.

Gekrümmt vor Qualen gehe ich weiterhin in die Schule, aber dann macht Mutter einen Termin für mich in der Kinderburg.

Dort können sie weiter nichts entdecken als eine ständige Anspannung, gegen die ich Sport und frühes Zubettgehen verordnet bekomme.

Weil ich schlecht einschlafen kann, kriege ich ein Schlafmittel verschrieben, das Mutter mir an drei Abenden mit einem Esslöffel verabreicht.

Doch am dritten Abend hat sie mein Gähnen und Herumwälzen hinter dem Vorhang satt, bittet mich zum Abendkaffee wieder raus und wirft das Schlafmittel in den Mülleimer.

Müde und gereizt gehe ich weiter zur Schule,
 bis

der November kam.
 Die Straße glänzte schwarz und wölbte sich vor den schneeregennassen Fenstern.
 Ich sah mich in der Scheibe. Ich war müde und rundlich und hatte schlechte Laune.
 Ich zerrte mir die engen Wollstrümpfe über die Beine.
 An den Miederschnüren fehlte unten ein Knopf.
 Mutter holte ein Fünfmarkstück aus ihrer Handtasche, und ich drückte es als Ersatzknopf von innen in die Strumpfwolle.

Und da erfand ich es.

In meiner Vorstellung schrieb ich einen Satz: Sie wollte nicht aufstehen.
 Ich korrigierte den Satz: Sie wollte noch nicht aufstehen.
 Ich fügte einen zweiten hinzu: Sie war zu müde, um in die Schule zu gehen.
 Ich verbesserte den zweiten Satz: Sie war viel, viel zu müde, um in die Schule zu gehen.

Nun war aus meinem Ich ein Sie geworden, das ich einer ständigen Beobachtung unterwarf.
 Und

so schnell wie möglich wollte sie in die Schule und ihre Lehrerin Aira Hokkanen in Worte bannen.

Und

Aira Hokkanen betritt das Klassenzimmer und wünscht allen einen guten Morgen.

Und mit einem Siegerlächeln, das sich nicht unterdrücken lässt, schreibt sie in Gedanken folgenden Satz: Aira Hokkanen war viel, viel zu müde, um in die Schule zu gehen, weil sie die ganze Nacht nicht schlafen konnte vor Scham über ihre bösen, bösen Taten.

Wörter in Träumen

Ich bin zehn, als ich in meinen Träumen zum ersten Mal Wörter höre.

Zunächst ist nur das Bild da, Träume sind ja aus Bildern gemacht.

Das Bild ist schwarz-weiß, wie in den Filmen, die mein Vater im Kino Alppi-sali vorführt.

Im Traumfilm taucht ein Auto auf, dessen Marke ich nicht erkenne, es könnte ein Wolga oder ein Pobeda sein.

Das Auto hält mit quietschenden Reifen vor einem Hochhaus.

Und dann kommt eine Stimme dazu.

Die Stimme sagt: Eine Großstadt, Moskau vielleicht, vor langer Zeit.

An der Stelle wache ich auf.

Das Morgenlicht im Zimmer ist ein fahles Grün, die Gasflamme des Küchenherds rauscht.

Umzugsfertige Holzkisten sind durch den Vorhang als dunkle Schemen erkennbar.

Ich will wieder einschlafen, will noch einmal die Stimme aus dem Traum hören.

Es war eine Männerstimme, tief und klangvoll.

Und ich schaffe es tatsächlich, die einzelnen Teile des Traums zusammenzufügen.

Zwei Männer in schwarzen Mänteln steigen aus dem Pobeda, sie haben Gewehre dabei und rennen geduckt zum Hochhaus.

Ein Blitz schlägt ein und hinterlässt einen Riss mitten in der Straße, und die Traumstimme meldet sich wieder und sagt: Das Leben in Moskau ist unruhig.

Danach träume ich knapp zwanzig Jahre ohne Stimme und Wörter.

Dennoch erblühen meine Träume in wilden Farben, in verfälschten Erinnerungen und sehnsuchts- und angstbefeuerten seltsamen Bildern, die mich bis in den Nachmittag des nächsten Tages verwirren.

Als die Wörter dann wieder zurückkommen, bleiben sie für immer.

Und die Stimme, die die Wörter in meine Träume streut, ist nach wie vor die warme, sonore Männerstimme aus dem Moskau-Traum, doch im Gegensatz zu mir ist sie nicht gealtert.

Ich bin siebenundzwanzig und schreibe gerade mein erstes Theaterstück, als die Stimme, die keine Bilder mehr zu ihrer Unterstützung braucht,

auf einmal sagt:

Kleb ein Pflaster auf deine Liebeswunden.

Und in der nächsten Nacht:

Nimm mit deinen Adlerkrallen alle Zuckerstücke einzeln auf.

Und in der nächsten:

Das Pferd ist ein langsamer Vogel.

Und nach einer Woche, als mein Theaterstück mir einzugehen droht:

Klaub schnell die Perlen von deinen Traumrändern ab und leg sie in dein Körbchen; sonst schmelzen sie.

Dann tauchen die Wörter ganz ohne Stimme auf.
Mich erstaunt das, es ist nun schwer zu sagen, woher die Wörter eigentlich kommen.
Meine Traumwelt verdichtet jetzt Schmerzen, Hecheln, Wärme und Ironie zu verrückten Behauptungen:
Süß statt grün, das gefällt der Sonne.
Wenn du eine Weltkarte isst, wird das Skateboard zum Abhang gepfiffen.
Tamara fährt so schnell, dass die Bleche matt werden, und du?
Biegt mich in falsche Zahnspangen hinein, werte Herren, dann bekommen Sie einen Brautschmetterling zu sehen.
In hellem Garn schimmern die Schwestern.

Und dann verschwinden auch die Sätze, nur noch kurze Phrasen bleiben übrig:
Das Spritzen der Bratsche.
Hengstkraft, Hengstkraft!
Verfinsterung des Willens.
Schraubenschlüsselgedankenkreisen.
Männerbeil.
Rinderzwerg.
Futterpflanzengesichtiges Selbst.
Das Pochen des Fettherings.

Und dann verschwinden die Phrasen und machen Platz für plötzlich aufblitzende Bezeichnungen, deren Bedeutung der Traum in Klammern gleich mitliefert:

Kribikus (Leuchtgrad von Glitzerblumen)
Nuvitation (Nasen-OP des Aussehens wegen)
Tibaliks (Flüssigkeitspegelstand in Milchpackungen)
Simekabula (Frauenhass aufgrund weißer Turbane)
Jotatus (mit Liebstöckel und Jalousien kurierbarer Kopfschmerz)
Vitumation (Unschuldigkeit)
Ellavaklation (Erklärung der Bibel auf Basis des Verstands)
Bullavaklation (Erklärung der Bibel auf Basis unbeständiger, schwankender Gefühle)

Und dann verschwinden die Wörter erneut aus meinen Träumen.

Ich vermisse sie sehr, bis ich ein halbes Jahr später anstelle des stummen Bilderwirbels Tänze geschickt bekomme.

Der erste Tanz ist die reinste Trauer.

Ich setze einen schweren indigenen Federkopfschmuck auf, der hell brennt und irgendwann verglimmt; nur so lange er lodert, darf ich im Kreis mit den anderen tanzen. Als die Federn geschmolzen sind, nehme ich den Kopfschmuck ab und halte ihn wie einen Körper im Arm.

Er raucht, und die Augen um mich herum, deren Blicke mich am Leben halten, wenden sich von mir ab.

Der zweite Tanz steht für Ordnung und die Freude an Ordnung.

Es handelt sich um einen irischen Turmeroberungstanz, und meine Schuhe dreschen regelmäßig, ja sogar regelverliebt auf den Boden ein. Die Erde staubt. Doch dann komme ich mit den Schritten durcheinander und entferne mich von der Tanzgruppe. Ich dresche allein auf den Boden ein, aber irgendwann erstarren meine Beine, und ich wache schweißgebadet auf.

Den dritten Tanz choreografiere ich selbst.

Er ist glasklar und leicht; aber glaubt bloß nicht, der Tanz wäre leicht.

Mein Tanzsaal ist hell und luftig; aber glaubt bloß nicht, der Saal wäre luftig.

Der Tanz ist eine Polonaise; aber wer ihn für eine Polonaise hält, muss verrückt sein.

Ich sause in roten H.-C.-Andersen-Schuhen quer durch den Saal, durch die Diagonale von Ecke zu Ecke.

Ich tanze allein und mit leichten Schritten, ich verziere meinen Tanz mit Arabesken und dreifachen Salchow-Sprüngen.

Ich fliege in Spiralen, rechten Winkeln und Kreisen.

Ich bin schnell. Ich bin Hermes. Ich bin uneinholbar.

Ich bin eine Lügnerin und der König der Diebe.

Und als die erste stöhnende Person mir ihre Hände auf die Frackschöße legt, lasse ich auch das zu.

Es ist egal, ob meine Spiralen sich in die Tiefe oder in die Höhe schrauben; in diesem Tempo werde ich sowieso aus der Bahn geschleudert.

Ich stampfe mit dem Fuß auf den Boden.

Meine Lackschuhe malen Buchstabenpärchen in S-Form in die Luft, dann Unendlichkeitszeichen.

Die Hände der hinter mir tanzenden Person halten meine Hüften fest, und der Saal füllt sich mit lautem Stöhnen, das jedoch nicht aus meinem Mund kommt.

So leicht! In so schweren Schuhen!

Warten

Unsere Familie gehört nun zu den Bausparern.
Das bedeutet, Gewinn und Mehrwert sinken so stark, dass Vater eine Abendarbeit aufnehmen muss.
Also fängt er im frisch erbauten Kulturhaus an und bedient dort den Filmprojektor.
Er führt im Kino Alppi-sali sowjetische Filme vor, und Mutter und ich dürfen umsonst zugucken, so oft wir wollen.
Und das wollen wir wirklich oft. Doch als wir die Handlung irgendwann auswendig kennen, haben wir keine Lust mehr und verbringen unsere Abende lieber ohne Vater zu Hause.

Vierzig Jahre später wurde sie Professorin für Dramaturgie, und auch ihr Arbeitsplatz sollte das Kulturhaus sein.
Das Kino war zum Theatersaal umgebaut worden, wo sie sich die Stücke und Regiearbeiten ihrer Studierenden ansah. Dabei kam sie täglich an dem alten Filmprojektor vorbei, der als museales Ausstellungsstück in der Aula thronte und im Zeitalter müheloser Elektronik pathetisch und klobig wirkte.

Vater kommt morgens genauso schlecht in die Gänge wie ich.
Während Mutter uns Kaffee kocht und summt, sitzen wir übellaunig und verquollen am Küchentisch.

Und abends findet er nicht ins Bett, genau wie ich.

Wenn er nach der Arbeit im Kulturhaus zurückkommt, ist es schon nach elf, und er ist seit sieben Uhr morgens ohne Pause auf den Beinen.

Bevor er morgens ins Büro der Finnisch-Sowjetischen Gesellschaft geht, schleppt er für Mutter das Obst aus dem Keller in den Laden und hilft ihr beim ersten Kundenansturm, dann hetzt er in sein Büro und von dort abends wieder zurück in den Laden, und nachdem er zu Hause hektisch etwas gegessen und die Tageskasse gemacht hat, rennt er noch ins Kulturhaus, wo um neunzehn und einundzwanzig Uhr die Filmvorführungen beginnen.

Und wenn er dann nach Hause kommt, schafft er es nicht, ins Bett zu gehen, obwohl er tiefschwarze Augenringe und rissige Lippen vom vielen Rauchen hat. Nein, er holt die Grundrisszeichnung für die Dreizimmerwohnung in Puotila hervor.

»Da ist das Badezimmer.«

Und Abend für Abend tippt Vaters nikotingelber Zeigefinger auf das entsprechende Viereck.

»Warmes Wasser, mit Zu- und Ablauf!«

»Unglaublich«, sagt Mutter.

Und immer wieder nimmt Vater das Maßband und misst das Bettsofa, den Esstisch und das Bücherregal aus, rechnet am Lineal die Meter in Zentimeter und Millimeter um und schiebt entsprechend gekürzte Streichholzstücke auf dem Grundriss umher:

»Hier steht das Sofa, nicht wahr?«

»Warum nicht«, sagt Mutter.

»Und hier das Bücherregal, ja?«

»Das könnte gut aussehen«, sagt Mutter.

Und am Ende wird Vater jedes Mal sauer:

»Ein kleines bisschen mehr Interesse könntest du ja schon haben!«

»Hab ich doch, hab ich doch«, sagt Mutter erschrocken und beugt sich über das Streichholzbadezimmer.

Und sonntags fahren wir Bausparer mit unserem cremefarbenen, Mosse genannten Moskwitsch nach Puotila.

Eigentlich gibt es Puotila noch gar nicht, doch das wird sich bald ändern.

Vater steht im Fichtenwald und zeigt alles mit den Händen: Hier wird das Haus hochgezogen, ungefähr hier, und dort könnte glatt unsere Badewanne stehen, dann wäre etwa hier der Warmwasserhahn, und da drüben steht dann das Haus der anderen Bausparer, aber die haben bloß Zweizimmerwohnungen, und dort kommt das Einkaufszentrum hin, da kriegt man dann alles, was der Mensch braucht, Bettwäsche, Wurst, Restaurant-Essen, Möbel, Dauerwellen, Sägeblätter und Tapeten, und in die Stadt muss niemand mehr rein.

Als wir die Rückfahrt antreten, ist die Stimmung bei Mutter und mir gedrückt: Die Kuh auf der Wiese muht im herbstlichen Nieselregen, und die dem Abriss geweihte Scheune duckt sich deprimiert vor dem Wetter und der allgemeinen Entwicklung weg.

Vater aber lenkt den Mosse sicher und zielstrebig:

»Das ist kein ländliches Gebiet mehr, hier entsteht eine Stadt, in der alles neu und zweckmäßig ist.«

Mutter und ich finden Zweckmäßigkeit nicht wichtig.

Wir haben Unzweckmäßiges zu schätzen gelernt: die Spaziergänge an heruntergekommenen Häusern entlang, das Poltern der Straßenbahnen, den fernen Lärm aus dem Vergnügungspark Linnanmäki, die an kaputte Hüften erinnernden krummen Lindenstämme, das sinnlose Geröchel der Betrunkenen.

Aber wir sagen lieber nichts.

Vater wirft mir im Rückspiegel einen strengen Blick zu:

»Und du fängst mal langsam an, dir in der Schule Mühe zu geben! Im Frühling bewirbst du dich fürs Gymnasium.«

Mutter hält vorsichtig dagegen.

An ihrem Verkaufstresen hat sie oft genug gesehen, dass Bildung nur zu Tränen, Enttäuschung, Anämie und schlechter Körperhaltung führt.

Aber Vater lässt sich nicht bremsen.

»Die ist doch nicht doof, die ist nur faul«, sagt er zu Mutter.

»Also, bisher ist es durchschnittlich gelaufen«, gibt Mutter zu bedenken, »so hat es auch ihre Lehrerin gesagt, sie ist Durchschnitt, aber zäh.«

»Die und zäh, das möchte ich wirklich mal sehen«, brummt Vater und versucht, uns durch mehr Druck aufs Gaspedal aus dem traurigen Puotila-Morast zu befördern, in dem der Mosse gerade bis zum Unterboden drinhängt.

Im Frühling kriege ich ein durchschnittliches Zeugnis, und Vater bringt mich zum Aufnahmetest ins Gymnasium Kallio.

Im Gymnasium riecht es völlig anders als in der Aleksis-Kivi-Grundschule.

Die Grundschule hat vier Jahre lang nach nichts anderem gerochen als Roggenbrei, Fischsuppe, Zahnarzt und Bohnerwachs.

Im Gymnasium dagegen gibt es keinen Zahnarzt, da darf die Schülerschaft ihre Zähne woanders vorzeigen gehen.

Auch Schulessen gibt es hier nicht, jeder kann sich einfach

von zu Hause was mitbringen oder es bleiben lassen, ganz wie gewünscht.

Ich finde diese Schule sofort gut, obwohl die Lehrerinnen und Lehrer alt sind und sich schwarz kleiden und statt nach Maiglöckchen, Lippenstift und Stärke nach Staub, Knoblauch, Zigaretten und Mottenkugeln riechen.

In der Aleksis-Kivi-Grundschule war alles hell, groß und luftig.

Im Gymnasium Kallio ist die Deckenbeleuchtung altmodisch und schummrig, und die Pulte müffeln nach uraltem Holz. Die ausgestopften Vögel sind abgenutzt und ihre Köpfe halb kahl, ihre letzten Flügelschläge im Wald sind also mindestens hundert Jahre her.

Am oberen Ende der Treppe befinden sich bemalte Bleiglasscheiben, die das helle Frühlingslicht in einen weich auf die Bewerberschar fallenden Glanz verwandeln.

Und

ihr dämmert, dass diese altmodische Abgenutztheit, das allem Neuen und Hellen entgegenstehende Schummerlicht und der nach Mottenkugeln riechende Stillstand gezielte, an Bildung und Kultur gemahnende Hinterlassenschaften sind.

Und sie mustert die Lehrerinnen und Lehrer, die mit ihren Mappen, Büchern und Landkarten umherwandeln und unfrühlingshaft dicke schwarze Kleider und Anzüge tragen, an denen Kreidestaub haftet.

Und sie überlegt, ob sie in diesem abgenutzten, sakralen Umfeld gesehen werden wird.

Sie überlegt, ob diese blassen, in ihre eigene Welt versunkenen Lehrerinnen und Lehrer diejenigen sein werden, die sie sehen wollen.

Und sie überlegt, dass das gut möglich ist.

Ich beschließe, dass ich aufs Gymnasium will.

Und dann stehe ich im Festsaal der Schule und halte Vaters Hand, und der schwarz gekleidete Direktor geht zum Rednerpult und verliest die Namen der Aufgenommenen.

Es sind sehr, sehr viele Namen, doch meiner ist nicht dabei.

Panisch stoße ich das Tor zu meinem Geheimnis auf und laufe in die blaue, diesige Welt. Und als ich schon weit weg bin, drückt Vater plötzlich hart meine Hand:

»Na also.«

»Was?«, flüstere ich.

»Herzlichen Glückwunsch.« Vaters Stimme klingt belegt, seine Augen sind feucht.

»Was?«, frage ich noch einmal, doch Vater zieht mich aus der fortdauernden Namenslitanei hinaus in die Sonne.

Draußen erklärt er mir, dass mein Name laut und deutlich vorgelesen wurde, und wundert sich, dass ich das nicht gehört habe.

»Saisio, Pirkko Helena«, sagt er, »bei den Namen im Mittelfeld, mit Blick auf deine Zukunft ein guter Start.«

»Ja«, erwidere ich mit dünner Stimme, und auf einmal schießt mir Blut aus der Nase und landet auf meinem neuen grün-weiß karierten Kleid im Brigitte-Bardot-Stil.

Und

sie gehen den Ässänrinne-Hang hinunter auf die Markthalle zu, der Vater mit wild gestikulierenden Händen, die Tochter mit einem Papiertaschentuch unter der Nase, das den starken Blutfluss stoppen soll.

Und sie sind beide gar nicht richtig da, an diesem Nachmittag zu Beginn des Monats Juni, weil der Vater sich in der Zukunft aufhält, in der seine Tochter nach ihrem Schul- und Universitätsabschluss als jüngste Frau des Landes einen Doktor in Ökonomie machen und den vom Vater gegründeten Saisio-Kolonialwarenladen mit ruhiger und eiserner Hand weiterführen soll.

Und die Tochter ist nicht da, weil sie aufmerksam durch das Land hinter ihrem Tor streift, in dem das Licht auf einmal anders ist, tiefer und dunkler, als würden die bemalten Bleiglasscheiben des Gymnasiums bereits die grellen und sengenden Sonnenstrahlen brechen.

Der letzte Traum

Vater steht in einer Gruppe von Männern, ruhig, rundlich und heiter. Ich erkenne viele von ihnen, die Männer sind alle noch am Leben.

Vorsichtig nähere ich mich Vater.

Ich berühre ihn am Arm, die Wärme seines Körpers fühle ich sogar durch den Tweedstoff.

Das wundert mich.

Vater sieht mich ungerührt an:

»Tja, da wären wir also.«

»Hallo«, sage ich.

»Hallo«, sagt er.

Die Männer lachen laut, aber nicht über mich; in der Ferne geht krachend Geschirr zu Bruch.

»Du kommst uns besuchen?«, frage ich.

»Sieht ganz so aus«, antwortet er.

Er will sich schon seinen Freunden zuwenden, ich muss mich beeilen.

»Weißt du eigentlich, dass du gestorben bist?«, wage ich zu fragen.

»Na klar«, antwortet er.

In das Geschirrklirren mischt sich eine Gitarre; irgendwo weit weg singt Mutter *Ahoi Mannschaft*.

»Und wo bist du gewesen?«, frage ich.

Vater macht eine ausladende Handbewegung, irgendwohin.

»Ich bin vor allem als Schmetterling herumgeflogen«, sagt er. »Aber auch das wird irgendwann langweilig.«

Ich wache auf.

Heute ist Vaters Beerdigung.

Ich vermisse Mutter.

www.klett-cotta.de

Pirkko Saisio
Das rote Buch der Abschiede
Roman
Aus dem Finnischen von Elina Kritzokat
304 Seiten, gebunden mit Schutzumschlag
ISBN 978-3-608-98725-6

»Pirkko Saisio ist vermutlich die beste lebende Autorin Finnlands. Sie ist weise, tiefgründig, komisch, gebildet, und natürlich eine göttliche Erzählerin.« *Aamulehti*

Pirkko Saisios preisgekrönter Roman erzählt von einer sexuellen und künstlerischen Befreiung. Ihre Protagonistin sucht in Helsinki nach der Liebe und kämpft um Selbstbestimmung – zu einer Zeit, in der Kunst und Kommunismus eine unheilvolle Allianz bilden und queere Liebe nur im Untergrund stattfindet. Die Entdeckung des Werks von Pirkko Saisio ist eine literarische Sensation.

www.klett-cotta.de

Pirkko Saisio
Gegenlicht
Roman
Aus dem Finnischen von Elina Kritzokat
256 Seiten, gebunden mit Schutzumschlag
ISBN 978-3-608-98724-9

»Ein Wunder, diese Autorin jetzt endlich entdecken zu dürfen!« *Maria-Christina Piwowarski*

Eine Abiturientin verlässt ihre Geburtsstadt Helsinki, um in der fernen Schweiz die Liebe und Anerkennung zu finden, die ihr in ihrem sozialistischen Elternhaus versagt geblieben ist. Doch in der Fremde erkennt sie, dass ihre Sehnsucht nach Zugehörigkeit sie immer enger in ihrem Korsett verschnürt, statt sie daraus zu befreien. In leuchtender Prosa erzählt Pirkko Saisio davon, wie viel es als Frau aufzugeben gilt, um wahrhaft unabhängig zu sein.